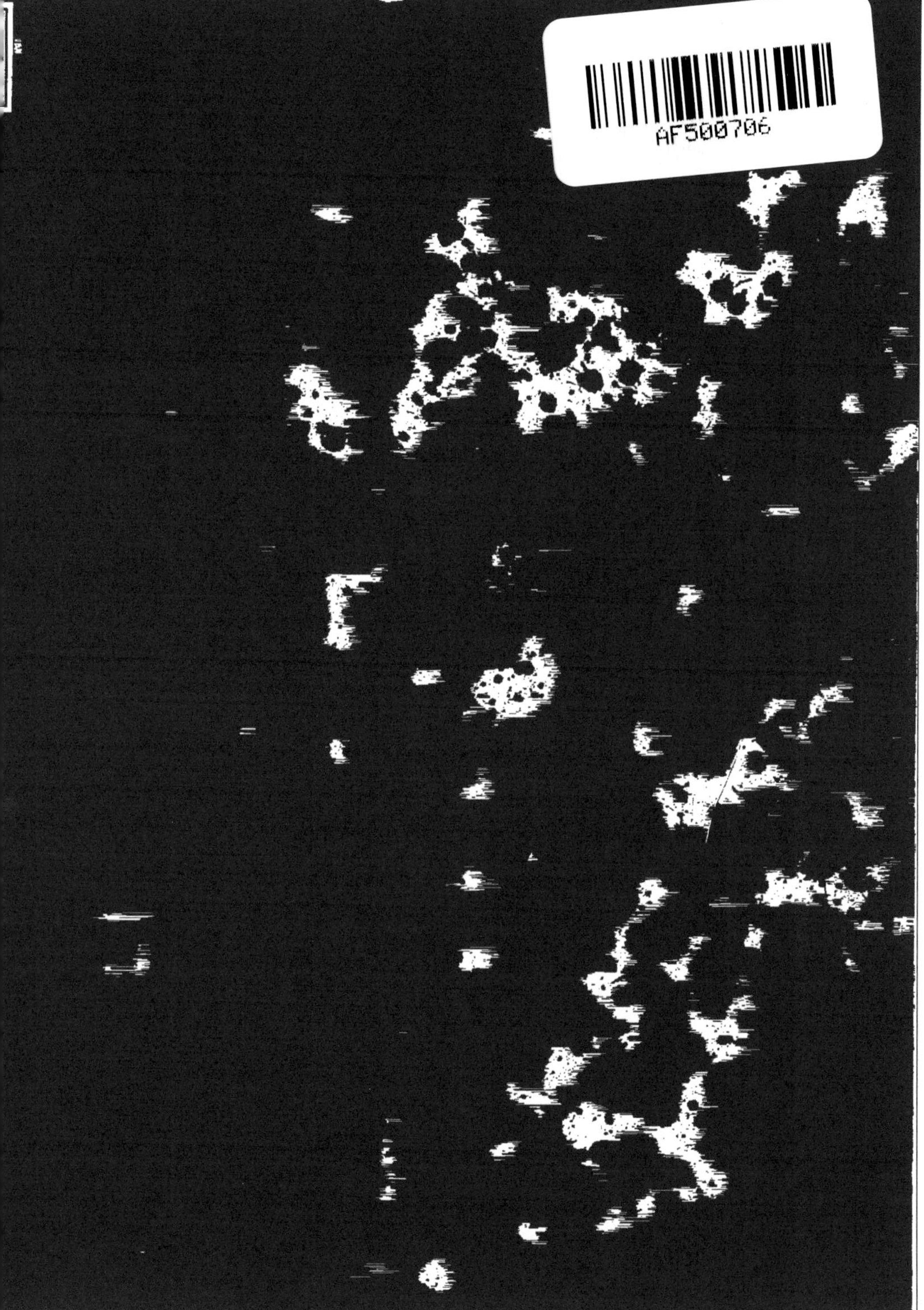

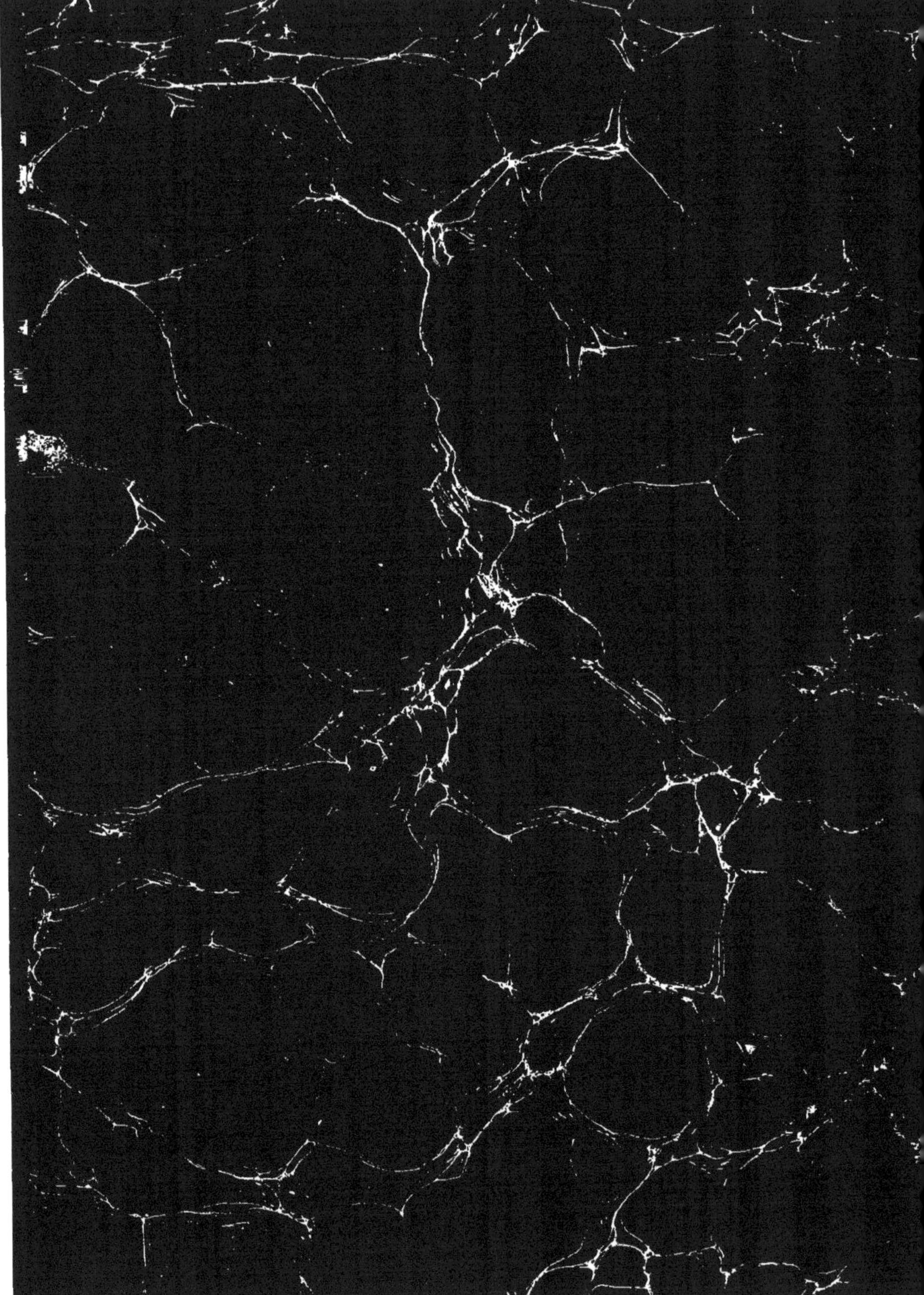

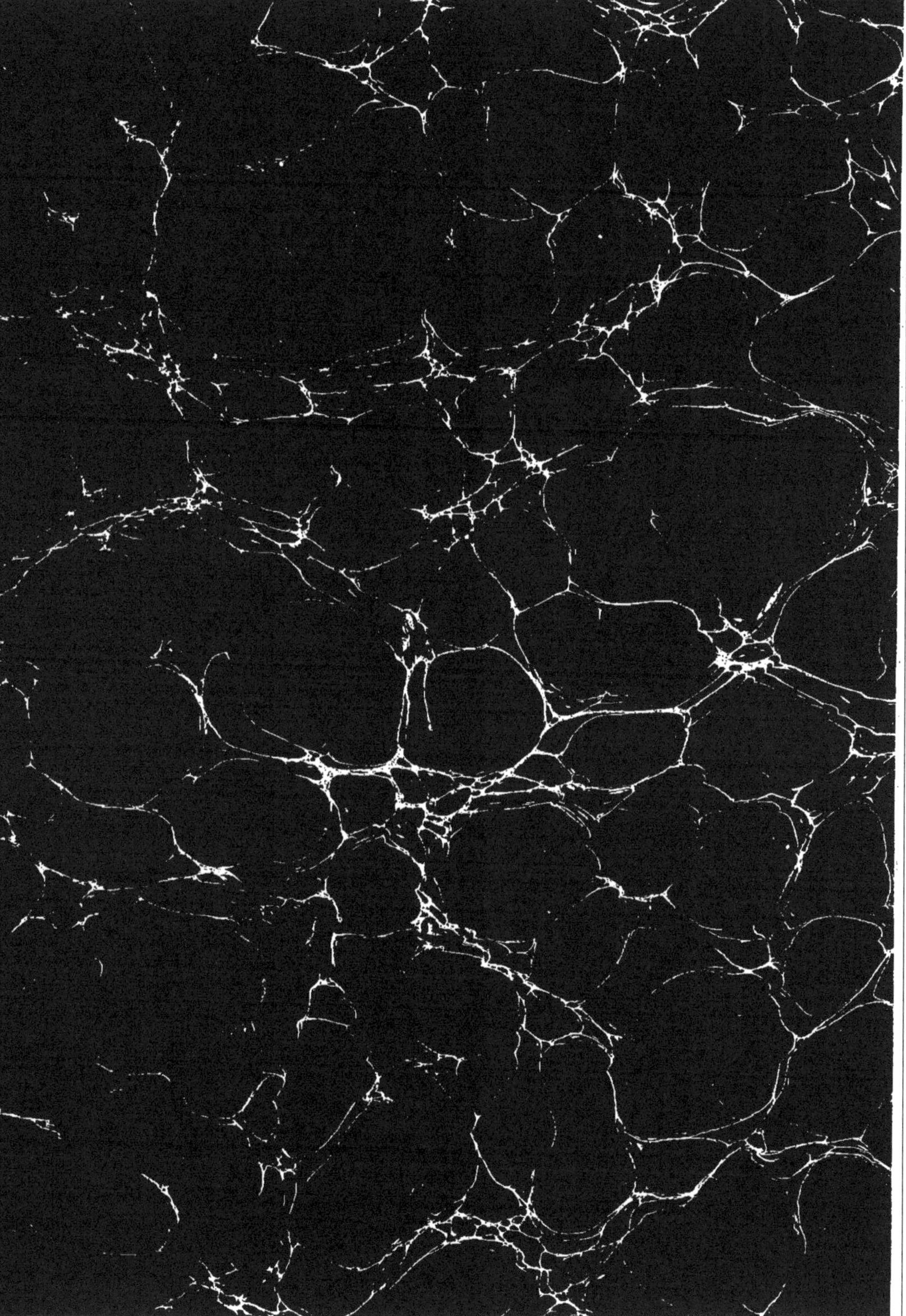

PAPIERS DE SURETÉ

Paris. — Typ. Lacrampe et comp., rue Damiette, 2.

MEMOIRE

SUR LES

NOUVEAUX PAPIERS DE SURETÉ

présentés

A M. LACAVE-LAPLAGNE, MINISTRE DES FINANCES,

par

Louis Tissier,

Ex-Préparateur des cours de chimie de Lyon, Membre de plusieurs Sociétés savantes, Inventeur de la Tissiérographie.

PARIS

CHEZ L'AUTEUR, 27, QUAI NAPOLÉON.

—

1843

CHAPITRE PREMIER.

HISTORIQUE ABRÉGÉ

DES

DIVERS PAPIERS DE SURETÉ INVENTÉS JUSQU'A CE JOUR.

Il faudrait remonter aux temps les plus reculés pour trouver l'origine des premiers travaux entrepris dans le but de mettre les actes publics ou privés à l'abri des faux et de la contrefaçon.

Nous ne parlerons pas des encres indélébiles, inventées par les anciens, ni des précautions employées, dans le Moyen-Age, pour empêcher l'altération et la contrefaçon des chartes, qui, par suite de ces précautions, prirent le nom de chartes-parties. Nous allons seulement passer en revue les moyens proposés ou mis en usage depuis cinquante ans pour arriver à la solution de ce grand problème.

Le 31 octobre 1791, un brevet de quinze ans fut pris, par M. Maugard, à Paris, pour un système de lettres de change à talon, imprimé d'une vignette à combinaisons et d'un timbre sec sur une surface marbrée. (Voir la publication des Brevets expirés, t. Ier, p. 437.) Brevet Maugard, 1791

Ce talon de sûreté, selon l'inventeur, avait pour but d'empêcher la création de billets faux ; car il eût été impossible aux faussaires de faire raccorder les billets créés par eux avec les talons des billets véritables.

Mais ces lettres de change, d'un usage difficile du reste, n'offraient aucune garantie contre l'altération des sommes inscrites sur leur surface.

Système Mollard aîné, 1792.

Un an plus tard, en 1792, Mollard aîné, à qui l'on demandait un moyen d'empêcher la contrefaçon des assignats, proposa de donner au papier-monnaie un caractère indélébile, en l'imprimant avec une planche d'acier damassée et inégalement attaquée par l'eau-forte, employée à la manière des graveurs.

Ce procédé, qui, assurément, eût empêché la contrefaçon des assignats, ne fut pas adopté, parce que les moyens de multiplier la planche damassée manquaient, et que, pour satisfaire aux besoins d'un nombreux tirage, le Gouvernement eût été dans l'obligation de se servir d'une grande quantité de ces planches, qui, n'étant pas semblables entre elles, eussent rendu la garantie illusoire.

Brevet Leorier, Delisle et Guillot, 1811.

Le 21 septembre 1811, un brevet de cinq ans fut pris par MM. Leorier, Delisle et Guillot, à Paris, pour un système de papiers de sûreté dits *sensitifs*.

Pendant la fabrication du papier à la cuve, à l'instant où la feuille est placée sur un feutre par l'ouvrier coucheur, ces fabricants posaient une planche de métal, gravée à jour, sur chaque feuille de papier non terminée, et tamisaient dessus des poudres impalpables de chiffon et de laine, teintes avec des couleurs délébiles. Les couleurs de ces poudres disparaissaient ou s'altéraient au contact des agents chimiques employés par le faussaire pour enlever l'écriture en encre usuelle. (Voir le tome VI, p. 271, des Brevets expirés.)

Ces papiers de sûreté, qui, nous le croyons, sont les premiers papiers sensitifs fabriqués en France, n'avaient résolu qu'une des difficultés du problème. En effet, à part la question du papier, qui, par cette application à sa surface de poudres de chiffon et de laine, devait perdre quelques-unes de ses qualités et devenir moins propre à l'écriture, les planches gravées à jour, dont ces inventeurs faisaient usage, ne devaient produire que des dessins grossiers, très-faciles à imiter et laissant, en outre, trop de parties blanches sur le papier.

Brevet George Dorsay, 1818.

Le 8 janvier 1818, un brevet de quinze ans fut pris par M. George Dorsay, à Paris, pour un nouveau papier sensitif.

Le procédé consistait, soit à mêler dans la pâte du papier, alors qu'elle était encore en cuve, une certaine quantité de prussiate de potasse pur ; soit à immerger, feuille à feuille, le papier fabriqué, mais non collé, dans une dissolution de la même substance chimique. (Voir le tome XXIV, p. 348, des Brevets expirés.)

Ce papier sensitif, ainsi que tous ceux qui ont été fabriqués depuis sur le même principe, n'offre pas de garantie; car la chimie fournira toujours les moyens de faire disparaître les taches que les réactifs employés pour détruire une phrase ou un corps d'écriture, auront fait paraître à la surface de ces papiers de sûreté.

Brevet Pierquin et Mazel: 1828.

Le 29 décembre 1828, un brevet de cinq ans fut pris par MM. Pierquin et Mazel, à Paris.

Leur papier de sûreté (dit falsifrage), rentrant dans le système de celui de M. Maugard, breveté en 1791, portait un talon marbré en couleurs et n'obviait qu'à la contrefaçon générale de la feuille, séparée de son talon, sans offrir aucune espèce de garantie contre les faux en écriture. (Voir le tome XXVI, p. 310, des Brevets expirés.)

Première Commission académique.

Première Commission académique, de 1826 à 1831.

En 1826, M. le Garde-des-Sceaux demanda officiellement à l'Académie des Sciences des moyens propres à prévenir la falsification des actes publics ou privés, et pouvant s'opposer au blanchiment du vieux papier timbré.

L'Académie soumit la question à une Commission composée de MM. Gay-Lussac, Dulong, Chaptal, Deyeux, Thénard, Chevreul, Férullas et d'Arcet, rapporteur.

Cette Commission présenta son rapport à l'Académie, dans la séance du lundi 6 juin 1831.

Le rapporteur, M. d'Arcet, commence par faire l'historique des travaux entrepris pour créer des encres indélébiles, depuis les anciens jusqu'à nos jours; il parle ensuite des moyens déjà proposés pour obtenir des papiers de sûreté.

Ce savant cite, entre autres, le procédé offert par Mollard aîné, en 1792, dont nous avons parlé plus haut; il rend compte des nombreuses encres indélébiles présentées par les concurrents, indique leurs qualités et leurs défauts, et finit par conclure qu'aucune d'elles ne remplit toutes les conditions nécessaires. Puis il passe en revue les papiers de sûreté sensitifs soumis à la Commission; il signale principalement le papier de M. Coulier, qui est imprimé avec la planche proposée par Mollard aîné, mais en encre délébile, et les papiers de M. Chevallier, qui sont divisés en deux classes : les uns unis et colorés dans la pâte, les autres à dessins qu'on y a imprimés, au moyen d'un tissu très-clair, faisant l'office de planche gravée. Le rapporteur fait remarquer que les couleurs appliquées sur ces papiers ou mêlées à leur pâte sont toutes altérables par les agents qui font disparaître l'encre à écrire.

Système Coulier.

Système Chevallier.

« La Commission, dit M. d'Arcet, repousse le papier de M. Coulier, à cause du prix du tirage, qui est taille-douce, par conséquent très-long, très-coûteux et inapplicable à l'impression du papier timbré, dont la consommation se monte, chaque jour, à des centaines de rames.

« Elle repousse le papier de M. Chevallier, parce que les lignes du dessin produit par l'impression d'un tissu fatiguent la vue et ne sont pas régulières. »

La Commission dut repousser, en outre, les papiers des deux concurrents cités, bien que le rapport ne le mentionne pas, parce que ces inventeurs ne proposaient aucun moyen pour multiplier leurs planches d'impression; et qu'en adoptant l'un ou l'autre de ces deux systèmes, à la condition toutefois que les dessins des vignettes eussent offert des garanties suffisantes contre l'adresse des faussaires, l'Administration du Timbre Royal eût été dans la nécessité de changer le dessin de son papier, au moins tous les huit jours, et, par suite, de mettre en circulation, au bout de quelques années, un si grand nombre de dessins différents, que la surveillance en eût été impossible. Alors les papiers de sûreté, loin d'offrir des garanties, seraient devenus dangereux, à cause de la fausse sécurité qu'ils auraient inspirée.

M. d'Arcet termine son rapport en proposant : 1° une encre indélébile, composée d'encre de Chine délayée dans un mélange d'eau et d'acide muriatique, marquant un degré et demi à l'aréomètre de Baumé (1); 2° l'impres-

(1) Cette encre n'est peut-être pas aussi indélébile qu'on le pense, s'il est vrai, comme le dit M. Julien, que les Chinois possèdent un procédé pour blanchir les papiers écrits à l'encre de Chine. (Note A.)

sion, sur quatre centimètres de largeur, au milieu de la feuille de papier, d'une vignette, gravée au tour à guillocher sur un cylindre de cuivre; en ayant soin de faire usage, pour l'impression, d'encre ordinaire épaissie ou de boue d'encre.

On voit que la Commission, en proposant l'emploi d'un cylindre de métal, gravé au tour à guillocher, résolvait le problème de la multiplication de la planche-matrice et offrait un procédé manufacturier susceptible de répondre aux besoins de la consommation, difficulté que MM. Coulier et Chevallier n'avaient pu vaincre.

Mais nous ne comprenons pas, d'un autre côté, pourquoi la Commission limitait la surface de la vignette délébile à quatre centimètres, au lieu d'en recommander l'impression sur toute la surface de la feuille.

La Commission abandonnait ainsi la question du faux partiel pour ne s'attacher qu'à celle du blanchiment du vieux papier timbré; et pourtant l'extension de la vignette à toute la surface du papier résolvait le problème du lavage, comme celui de la falsification des écritures.

Il est vrai que la Commission offrait, en première ligne, un moyen infiniment supérieur, selon elle, à celui de la vignette délébile; nous voulons parler de l'emploi de l'encre indélébile dont nous venons de transcrire la recette. Pour le moment, nous ne ferons aucune critique du mode d'impression proposé par la Commission, non plus que de son système de dessin et de gravure; nous aurons plus tard l'occasion de revenir sur ce sujet.

Brevet Debraine et Kersselaers, 1833. Brevet Vidocq, 1834.

Le 2 novembre 1833, un brevet de quinze ans fut pris par MM. Debraine et Kersselaers, à Paris. M. Vidocq prit, sur ce brevet primitif, un brevet de perfectionnement, le 26 mars 1834.

Brevet Mozard, 1834.

Plus tard, MM. Debraine et Kersselaers et M. Vidocq cédèrent leurs brevets à M. Mozard, qui prit, à son tour, un brevet d'invention et de perfectionnement, le 13 septembre 1834.

Aujourd'hui, ce papier, connu sous le nom de papier Mozard, est fabriqué par M. Deburge.

Le système pour lequel se sont fait breveter primitivement MM. Debraine et Kersselaers repose sur deux principes connus. En effet, ces Messieurs ont demandé et obtenu un brevet pour l'idée de mêler à la pâte du papier, soit des substances chimiques incolores, susceptibles de colorer le papier blanc à l'instant où le faussaire tenterait d'enlever l'écriture (ce qui a été fait par M. Dorsay, en 1818); soit des substances colorantes, susceptibles de disparaître ou de s'altérer au contact des réactifs (ce qui a été fait par M. Chevallier, de 1826 à 1831).

Brevet d'addition Mozard. 1834. Quoi qu'il en soit, M. Mozard eut bientôt reconnu le peu de garanties que ses papiers sensitifs offraient contre la falsification des écritures; alors ce fabricant prit un brevet d'addition à ses brevets, le 27 décembre 1834, pour un nouveau procédé, qui consiste à imprimer une vignette en encre délébile sur une feuille mince de papier, encore humide et non terminée, et à recouvrir cette première feuille imprimée d'une seconde feuille de papier, aussi fraîchement fabriquée; puis à cylindrer et sécher ces deux feuilles juxtaposées.

Comme ces papiers ont été présentés au concours ouvert en 1839 et 1840, nous en ferons plus loin la critique.

Brevet Bressier, 1836. Le 16 septembre 1836, un brevet de cinq ans fut demandé par M. Bressier, à Paris, pour une presse propre à timbrer les *papiers vignettés*. Ce brevet fut délivré le 18 février 1837.

Il ressort du préambule de la description de cette machine, qu'à cette époque, l'Administration du Timbre Royal *avait déjà pris la résolution de couvrir d'une vignette délébile toute la surface de ses papiers,* en réservant, dans la partie gauche supérieure, deux petites places blanches, destinées à recevoir les timbres (1). C'est même spécialement pour pouvoir apposer mécaniquement les timbres dans les places réservées, que M. Bressier inventa sa presse.

Brevet Émile Grimpé, 1836. Le 19 septembre 1836, trois jours après la demande de brevet déposée par M. Bressier, un brevet de quinze ans fut demandé par M. Émile Grimpé, à Paris, pour une *nouvelle presse* garnie de timbres et de rouleaux en métal, gravés par des procédés mécaniques, au moyen desquels il est possible d'imprimer, en taille-douce ou typographiquement, des vignettes délébiles,

(1) Cette assertion de M. Bressier est prouvée par une lettre de M. Sellier, garde-magasin au Timbre, en date du 26 septembre 1836, adressée à l'Académie des Sciences, et contenant plusieurs échantillons de lettres de change entièrement revêtues d'une vignette délébile.

soit sur papier continu, soit sur papier à la forme, et enfin de frapper ces papiers des timbres royaux. Ce brevet fut délivré le 4 octobre 1837.

Nous avons lu fort attentivement le brevet de M. Émile Grimpé, et, à part la disposition de la presse, qui nous a paru nouvelle, nous n'avons rien trouvé de neuf, comme principe, dans les moyens proposés par ce mécanicien pour produire des papiers de sûreté.

En effet, l'idée de couvrir les deux faces du papier d'une vignette délébile était dans le domaine public avant le 19 septembre 1836; l'idée de faire des dessins réguliers et de les imprimer avec de l'encre ordinaire épaissie ou de la boue d'encre, appartient à la première Commission académique; enfin les rouleaux de métal gravés avec des molettes, tels que les emploie M. Émile Grimpé, sont depuis bien des années en usage dans l'industrie (1).

Reste donc à ce mécanicien le mérite d'avoir inventé une presse nouvelle, pour imprimer et timbrer en même temps les papiers de sûreté.

Ignorant si M. Émile Grimpé a exécuté sa machine, depuis six ans qu'elle est brevetée; sachant, d'un autre côté, qu'il n'a pas été question des papiers de cet inventeur au concours des cinq cents rames, ouvert par le Gouvernement, en 1839 et 1840, nous devons nous abstenir de porter notre jugement sur les résultats que cette presse a pu donner.

Toutefois l'étude que nous avons faite de ce brevet nous permettra de démontrer, plus loin, que le système de M. Émile Grimpé est encore loin de résoudre la question.

Deuxième Commission académique.

Deuxième Commission académique, de 1836 à 1837.

Le 13 février 1837, un rapport fut fait à l'Académie des Sciences, d'après une demande de M. le Ministre des Finances, en date du 27 octobre 1836, sur les papiers destinés à prévenir le lavage des papiers timbrés et la falsification des actes publics ou privés.

(1) De très-habiles mécaniciens prétendent qu'il est impossible de graver à la molette deux cylindres identiques.

Les Commissaires étaient MM. Gay-Lussac, Dulong, de la section de Physique; et tous les membres de la section de Chimie : MM. Deyeux, Thénard, d'Arcet, Chevreul, Robiquet, Dumas, rapporteur.

M. Dumas, qui fut, avec M. d'Arcet, plus particulièrement chargé des longs et minutieux travaux entrepris par la Commission, soit pour contrôler les essais tentés par la Direction du Timbre Royal, soit pour trouver de nouveaux moyens capables de résoudre le problème, M. Dumas commence son rapport par rappeler succinctement les recherches faites et les procédés décrits par la Commission académique nommée en 1826, à la demande de M. le Garde-des-Sceaux; puis il aborde l'examen du papier proposé par l'Administration.

« La Commission de 1826, dit le savant rapporteur, avait proposé d'épaissir la boue d'encre ordinaire et de s'en servir dans cet état pour imprimer, sur le papier destiné au timbre, un dessin gravé sur un cylindre en cuivre au moyen du tour à guillocher. Ce papier de sûreté, muni d'un timbre sec officiel, eût offert à l'État la plus parfaite garantie; les lavages auraient cessé à l'instant.

« Mais l'Administration du Timbre Royal, qui a constamment employé le papier fait à la main, feuille à feuille, celui qu'on nomme le papier à la forme, a dû hésiter, en voyant que le système d'impression indiqué par l'Académie entraînait l'emploi du papier fait à la machine, du papier continu. Elle s'est fortement préoccupée d'une innovation qui lui a paru grave; elle s'est demandé si, sans renoncer au papier à la forme, elle ne pourrait point appliquer le système proposé par l'Académie.

« Elle a donc cherché un moyen d'impression applicable au papier en feuille; et, après avoir éliminé l'impression en taille douce et l'impression lithographique comme étant des moyens trop coûteux, elle s'est arrêtée à l'emploi des procédés de l'impression ordinaire, de la typographie. »

Ici M. Dumas élève trois objections contre l'encre, le tirage et le dessin employés par l'Administration, dans les essais tentés par elle pour arriver à faire triompher la gravure et l'impression typographiques.

« 1° L'encre proposée contient, dit-il, un vernis qui laisse une trace jaune sur le papier, après que la couleur a disparu sous les réactifs, ce qui peut guider le faussaire dans la reconstitution de la vignette attaquée; et de plus ce vernis donne le moyen de transporter la vignette sur la pierre lithographique.

« 2° L'impression de la gravure en relief, *faite à la main*, produit sur le papier un gaufrage dont l'empreinte reste intacte après l'opération du blanchissage, et sert à conduire la plume ou le pinceau du faussaire qui veut raccorder la partie de la vignette enlevée avec l'écriture.

« 3° Le dessin présenté par l'Administration est trop facile à imiter, ou à surcharger à la main, avec une plume et de l'encre lithographique, et pourrait être remplacé, avec profit, par un dessin d'un autre genre.

« En effet, quand la première Commission avait proposé l'emploi d'un cylindre gravé au tour à guillocher, c'est qu'elle pensait que les dessins les plus difficiles à imiter ne sont pas ceux qui représentent des personnages et dans lesquels l'absence totale de symétrie rend les comparaisons si difficiles, si équivoques, mais bien plutôt des dessins très-simples, produits par des lignes qui se rencontrent sous des angles déterminés, et qui produisent ainsi *une multitude de petites figures identiques*, faciles à comparer entre elles, parce que l'œil en embrasse à la fois un grand nombre. »

Plus loin, lorsque nous développerons les avantages du système de papier de sûreté que nous avons conçu, nous discuterons toutes ces objections et nous ferons voir que les défauts signalés ici par la Commission peuvent-être neutralisés d'une manière victorieuse par l'emploi de nos procédés.

Dans le paragraphe 2, intitulé : Lavage du papier timbré, le rapporteur rend compte des travaux entrepris par la Commission pour résoudre cette partie du programme. Mais les moyens qu'elle indique, ne pouvant s'opposer au faux partiel, nous passerons ses travaux sous silence.

Dans le paragraphe 3, qui traite la question des faux en écriture privée ou publique, M. Dumas dit que le seul moyen d'empêcher le faux partiel est de recouvrir la surface du papier d'une vignette délébile, faite dans des conditions telles qu'elle ne puisse être réservée ou reproduite. Il ajoute que la Commission recommande les figures géométriques répétées d'une manière continue, et obtenues à l'aide de moyens mécaniques qui garantissent leur identité.

Après avoir parlé des papiers proposés à cette époque par M. Émile Grimpé, et qui étaient tous imprimés avec des cylindres de cuivre gravés à la molette; après avoir décrit les essais d'impression faits au moyen de ces cylindres, soit avec des encres grasses délébiles, soit avec des encres aqueuses, employées comme le font depuis longtemps les fabricants de toiles peintes, le rapporteur dit qu'il serait indispensable, si l'on adoptait ce mode d'impression, d'écraser, après le tirage, le relief du trait par un lissage ou un cylindrage modérés, afin d'éviter que l'encre, en pénétrant dans le papier, y produisît un gaufrage en creux.

Nous avons cité ce passage, pour prouver qu'un gaufrage se produisait dans l'impression taille-douce comme dans l'impression typographique. Nous démontrerons, dans ce Mémoire, que ce cylindrage peut être évité et que nous possédons un moyen d'annuler le défaut du gaufrage résultant de l'impression.

Pour obvier à cet inconvénient, M. Emile Grimpé proposa, dit le rapporteur, de faire passer le papier, imprimé de sa vignette délébile, entre deux cylindres à cannelures très-fines. Mais la Commission crut devoir repousser ce moyen, parce qu'il diminue beaucoup la résistance du papier.

M. Dumas termine son rapport en conseillant, pour éviter le faux partiel, le faux général et le lavage :

1° L'impression, sur chaque face du papier, d'un filigrane très-fin et indélébile;

2° L'impression d'une vignette délébile composée de figures géométriques très-petites, parfaitement identiques et manuellement inimitables.

« Mais la commission, dit-il, rappelle que le meilleur préservatif contre toutes les falsifications d'écriture consiste dans l'emploi de l'*encre de Chine acidulée.* »

Depuis, on a reconnu combien il serait difficile de rendre générale et obligatoire l'adoption de cette encre indélébile, et l'on y a renoncé. (Voir le tome IV, p. 219 et suivantes, des comptes rendus hebdomadaires de l'Académie des Sciences.)

Troisième Commission nommée, en 1838, par M. Lacave-Laplagne, Ministre des Finances.

Troisième Commission académique. 1838.

Les choses étaient dans cet état, lorsque M. Lacave-Laplagne, Ministre des Finances, nomma, en 1838, une Commission composée des sommités de la Science et de l'Administration, pour examiner les moyens de résoudre la question des papiers de sûreté.

Cette Commission, après avoir tracé un programme (1), ouvrit un concours, en 1839. Dix-huit concurrents se présentèrent.

Après un long et minutieux examen de tous les procédés offerts, la Commission fit un choix. Seize des concurrents furent éliminés, et deux seulement, M. Zuber et M. Knecht, furent admis à un second concours dont la condition principale fut de fabriquer cinq cents rames de papier de sûreté.

Ce second concours fut ouvert en 1840.

A ce moment, M. Deburge, l'un des seize inventeurs refusés, offrit de faire les cinq cents rames d'essai à ses risques et périls; cette offre fut agréée par l'Administration, et dès lors il y eut trois systèmes différents admis au grand concours.

Afin d'encourager les concurrents, M. le Ministre des Finances fit aux Chambres la demande d'une somme de 60,000 fr., destinée à récompenser celui qui aurait rempli toutes les conditions du programme. Cette somme fut votée par les Chambres et convertie en loi, le 6 juillet 1840.

Somme de 60.000 fr. votée par les Chambres, 1840.

Le papier présenté par M. Zuber était fait à la machine, imprimé, à la suite du premier cylindre sécheur, avec des rouleaux en cuivre gravés à la molette, et semblables à ceux dont se servent les fabricants d'indiennes. (Voir son brevet, en date du 27 avril 1840.)

Brevet Zuber et Cie, 1840.

Le papier de M. Knecht était fabriqué à la forme, imprimé à la presse lithographique inventée par M. Perrot, célèbre ingénieur de Rouen, et couvert d'une vignette gravée primitivement en creux sur une planche-matrice, par la machine de M. Neuber; puis contre-épreuvée sur pierre par les procédés connus en lithographie.

Système Knecht.

M. Zuber et M. Knecht, selon le programme de la Commission, ne faisaient usage que d'encres délébiles; ces encres étaient naturellement toutes deux appropriées aux modes d'impression adoptés par ces concurrents.

M. Deburge présentait le papier Mozard, nous voulons dire un papier continu, portant dans son intérieur une vignette imprimée avec un rouleau taille-douce et une encre délébile.

Papier Deburge, Système Mozard.

Après l'examen des cinq cents rames fabriquées par chacun des concurrents, la Commission fut d'avis que le prix de 60,000 fr. devait être partagé entre eux, bien que le problème ne fût pas résolu.

(1) Récemment, il nous a été impossible de nous procurer un exemplaire de ce programme.

Cette proposition ayant été approuvée par M. le Ministre des Finances, les 60,000 fr. votés par les Chambres furent distribués dans le courant de l'année 1842.

Le rapport de cette dernière Commission n'ayant pas été rendu public par l'Administration, nous ne pouvons pas analyser ici les expériences et les critiques qui ont été faites sur ces trois espèces de papiers de sûreté; nous ne pouvons que renvoyer aux conclusions prises et communiquées par M. le Ministre des Finances lui-même, à la Chambre des Députés, dans la séance du vendredi 31 mars 1843. (Voir le *Moniteur*.)

Pourtant, comme ces trois papiers de sûreté sont connus du public, comme chacun d'eux a été l'objet de la critique des concurrents eux-mêmes, et comme nous les avons étudiés avec le plus grand soin, nous allons, en peu de mots, passer en revue leurs défauts et leurs qualités.

Le papier de M. Zuber, fait à la machine, est d'une pâte très-belle, mais n'offre pas les garanties de durée et de sécurité indispensables pour les actes civils et les transactions commerciales; par conséquent, il ne saurait être adopté par l'Administration du Timbre Royal, en place des papiers à la forme, dont elle a toujours fait usage.

En outre, le filigrane de ce papier est factice; c'est tout simplement une figure transparente obtenue par une forte pression sur la surface du papier. Ce filigrane, qu'il est facile de contrefaire, ne vaut donc pas celui qui s'obtient dans la pâte en fabriquant le papier à la forme.

Les rouleaux dont M. Zuber fait usage pour imprimer ses papiers de sûreté sont en cuivre, gravés à la molette, exactement comme les cylindres dont se servent, depuis trente ans, les fabricants d'indiennes qui impriment à la machine. Ce système d'impression, qui est de la taille-douce manufacturière et qui est excellent pour imprimer des étoffes, est imparfait pour imprimer des papiers de sûreté,

1° Parce qu'il est très-facile d'imiter le dessin d'une molette et de contrefaire les cylindres gravés par ce procédé;

2° Parce que l'usure de ces cylindres est rapide, et qu'il faut les changer ou les retoucher après une impression de cent à deux cents rames au plus;

3° Parce que le déchet du papier est de soixante pour cent, selon M. Zuber même.

4° Enfin, parce que l'impression ayant lieu sur le papier non terminé, à l'instant où il quitte le premier cylindre sécheur, la vignette ne peut pas être toujours identique; car, après l'impression, le papier, en passant sur le second cylindre sécheur, se retire plus ou moins, selon l'état de dessiccation qu'il avait à sa sortie du premier cylindre, dont la température, qui dépend du plus ou moins d'ouverture que l'ouvrier conducteur donne au robinet de la vapeur, est très-variable.

Le papier de M. Knecht, fait à la forme, a toutes les conditions de solidité désirables. Les dessins en sont gravés, comme nous l'avons dit, par la machine de M. Neuber, et offrent plus de garantie que les dessins gravés à la molette.

Mais ces garanties ne sont pas encore suffisantes; car, la machine de M. Neuber étant dans le domaine public, il suffira de quelques tâtonnements pour arriver à contrefaire exactement les dessins présentés par M. Knecht.

Le mode d'impression employé par ce concurrent est la lithographie, et c'est là le plus mauvais côté de son système. La lithographie est un art qui ne peut s'appliquer avec succès qu'aux ouvrages qui se tirent à un petit nombre d'exemplaires; nous ne comprenons pas comment M. Knecht a pu penser sérieusement à imprimer lithographiquement les deux cents et tant de rames que le Timbre consomme chaque jour; même avec le secours des presses lithographiques mécaniques de M. Perrot, il eût fallu pour cette fourniture, selon le propre calcul de M. Knecht, cinquante perrotynes, deux machines à vapeur et un personnel de quatre à cinq cents ouvriers.

Aussi la Commission a complétement rejeté la lithographie du concours, à cause de ses lenteurs, de ses dépenses, et aussi à cause de ses encres, qui, étant forcément grasses, permettent le transport sur pierre, et par suite la contrefaçon de la vignette.

Plus loin, dans l'exposition de notre système, nous dirons le moyen que nous avons trouvé d'empêcher que cette propriété des encres grasses, délébiles ou indélébiles, puisse venir en aide aux faussaires.

Le papier de sûreté de M. Deburge est fait à la machine et offre, par conséquent, tous les défauts de celui de M. Zuber, et mérite les mêmes critiques.

Ce papier, qui est connu dans le commerce depuis huit ou neuf ans, n'a pas été adopté, à cause du grand inconvénient qui résulte du décollage des deux feuilles, ce qui rend facile toute espèce de faux partiels et généraux, ainsi que le blanchiment total.

Effectivement, pendant la fabrication de ce papier, les deux feuilles minces, d'une largeur de plus d'un mètre et demi, doivent avoir déjà une grande consistance pour pouvoir être amenées en ligne horizontale, l'une sous le rouleau encreur, l'autre sous le filigraneur. Cette consistance ne peut être obtenue que par une pression qui comprime chaque feuille isolément ; aussi, quand elles passent ensemble entre les cylindres qui doivent les coller l'une sur l'autre, la pression n'agit plus que sur du papier déjà fait. Le décollage de ce papier sera donc toujours facile, et, dès lors, ce système, loin d'offrir une garantie supérieure à celle des papiers imprimés à leur surface, ainsi que M. Mozard, inventeur de ce papier de sûreté, l'avait prétendu, ce système donne, au contraire, par la ressource du décollage, de plus grandes facilités aux faussaires.

Il résulte de cette disposition intérieure de la vignette délébile un autre défaut très-grave : c'est qu'elle n'est pas assez accessible aux agents chimiques, employés par un faussaire adroit. Nous avons vu un grand nombre de faux pratiqués dans des lettres écrites par M. Deburge même, sans que la vignette eût souffert.

On peut dire enfin que le manque de pureté des vignettes de ce papier, de même que l'inégalité de sa teinte générale, est un vice radical, au point de vue du faux partiel. Lors même que la question du décollage et celle de la débilité de l'encre seraient résolues, ces deux grands inconvénients, inhérents à la position de la vignette dans l'épaisseur de la feuille, ne permettraient pas de placer le papier Mozard au nombre des bons papiers de sûreté. C'est la connaissance de ce vice radical qui a fait admettre généralement la loi en vertu de laquelle tout papier de sûreté doit être, en principe, imprimé, *à sa surface*, d'une vignette délébile.

Telle est notre opinion sur les papiers de sûreté présentés par MM. Zuber, Knecht et Deburge. Nous ignorons, avons-nous dit plus haut, les termes dans lesquels la Commission a rendu compte à M. le Ministre des Finances des expériences et des épreuves qu'elle a fait subir à ces papiers; ce que nous savons, c'est qu'elle n'a donné son entière approbation à aucun de ces trois systèmes, et en cela nous sommes d'accord avec la Commission.

Peut-être de ce laborieux et dispendieux travail ne reste-t-il aujourd'hui qu'un fait acquis : c'est que la question des papiers de sûreté est beaucoup plus ardue et plus épineuse qu'on ne l'avait cru de prime abord, et que la création d'un papier de sûreté parfait rendra de très-grands services à la société.

Jusqu'ici, nous étions resté complétement étranger à la fabrication des papiers de sûreté; depuis dix ans, toutes nos études, tous nos travaux avaient été dirigés vers la gravure en relief sur pierre, connue aujourd'hui sous le nom de Tissiérographie; nos vœux et nos espérances se bornaient à doter la typographie d'un système de gravure plus prompt, plus économique et plus complet que la gravure sur bois, lorsque M. Knecht vint nous demander de lui prêter notre concours.

Adoption de la Tissiérographie par M. Knecht, juin 1841.

L'invention de la gravure en relief sur pierre par des acides remonte à plusieurs siècles; mais jusqu'ici les résultats ont été si imparfaits, que, malgré les nombreux avantages résultant de la gravure par un procédé chimique, et de l'emploi des pierres lithographiques, si précieuses par leur dureté, la finesse de leur grain et le peu de changement que leur font éprouver les influences atmosphériques, cette gravure n'avait pu, avant nous, être employée dans la typographie.

M. Knecht lui-même s'était livré à de nombreuses expériences pour graver des pierres en relief, mais ses essais avaient été infructueux. Voulant profiter des succès que nous avions obtenus, ce concurrent nous apporta, en juin 1841, plusieurs pierres sur lesquelles il avait fait transporter ses dessins microscopiques; nous gravâmes ces pierres; des épreuves en furent tirées au moyen de la presse de M. Perrot (1), et les résultats furent des plus satisfaisants.

M. Knecht, qui, par notre concours, résolvait le problème des papiers de sûreté, au point de vue de la gravure et de l'impression, nous témoigna sa vive satisfaction et nous fit les promesses les plus magnifiques : il devait nous présenter à l'Administration comme son collaborateur, et nous lier d'intérêt avec lui, pour la fabrication des papiers de sûreté. Il était aussi convenu qu'il présenterait, sous notre nom, les pierres gravées et qu'il nous réserverait,

(1) La presse de M. Perrot avait été convertie en presse typographique, par la suppression de ses cylindres mouilleurs.

près de la Commission et du Gouvernement, tout le mérite de l'invention. Une nombreuse correspondance, que nous conservons avec soin, fut engagée, à cette époque, entre M. Knecht et nous.

Vers la fin de **1842**, nous apprîmes par les journaux que M. Knecht venait de rentrer au concours ouvert par M. le Ministre des Finances, avec une nouvelle gravure en relief sur pierre, obtenue par des agents chimiques. Étonné de ne pas trouver notre nom accolé à celui de M. Knecht, nous vîmes M. Dumas, rapporteur de la Commission, qui nous informa qu'en effet M. Knecht avait présenté, sous son nom, les pierres de son dernier concours, et qu'il s'était annoncé comme l'inventeur de la gravure en relief sur pierre. Mais notre réclamation venait trop tard : la Commission avait dû croire M. Knecht et annoncer à M. le Ministre des Finances qu'elle regardait le problème du papier de sûreté comme entièrement résolu.

Tout le mérite des nouveaux procédés offerts, et auxquels la Commission avait donné sa haute approbation, revenait donc à la Tissiérographie, puisque M. Knecht ne produisait alors aucune idée neuve et offrait seulement les moyens de réaliser celles qui, jusque-là, avaient été regardées comme inexécutables.

Justement blessé des procédés de M. Knecht, nous résolûmes de rompre avec lui et de nous présenter en personne au concours ouvert par le Gouvernement.

Après avoir constitué une société de quinze années avec M. H. Bouchet, fournisseur actuel des papiers du Timbre Royal, et après avoir réuni les capitaux nécessaires à cette vaste entreprise, nous avons adressé, le **24** novembre dernier, une lettre à M. le Ministre des Finances, dans laquelle nous lui avons annoncé notre résolution et les causes qui l'avaient déterminée.

Nous sommes vraiment peiné d'avoir été dans l'obligation de donner, dans ce Mémoire, une place aussi grande à l'histoire de nos relations avec M. Knecht ; mais nous avions besoin de ne laisser planer aucun soupçon sur la vérité des faits que nous avons signalés à l'Administration du Timbre ; nous voulions que notre situation fût franche et honorable.

Brevet Knecht et Zuber, 1842.

Pour terminer l'exposé chronologique des divers papiers de sûreté qui ont eu de la publicité, il nous reste seulement à parler du brevet de quinze ans que MM. Knecht et Zuber ont pris, le **30** septembre **1842**, pour un moyen d'imprimer les papiers de sûreté avec l'encre usuelle, sans épaississants. Au lieu de donner, dans leur description, la manière d'appliquer l'encre usuelle fluide à l'impression typographique, ces Messieurs ont donné une mauvaise recette de gravure en relief sur pierre. Il nous est donc impossible de formuler une opinion sur cet étrange brevet. (Note B.)

Cet exposé, que l'on trouvera peut-être trop long, bien que nous ayons cherché à le faire aussi court que possible, ne contient cependant que des faits indispensables à connaître pour ceux qui veulent étudier à fond la question. Selon nous, il ressort de cette revue un enseignement qui doit faciliter la recherche des procédés qui restent encore à découvrir pour que la solution du problème soit complète.

Quant à nous, nous l'avouons franchement, ce n'est qu'après avoir pris connaissance et des brevets qui ont été demandés sur la matière depuis **1791**, et des deux savants rapports rédigés au sein des Commissions nommées par l'Académie des Sciences, en **1826** et **1836**, et des critiques que les concurrents ont faites eux-mêmes de tous les papiers de sûreté présentés aux trois concours; ce n'est enfin qu'après avoir étudié les faux nombreux qui ont été pratiqués sur des papiers regardés, depuis plusieurs années, comme étant à l'abri de toute falsification, que nous avons pu nous mettre à l'œuvre, coordonner tous les éléments d'un nouveau système, et tracer le rigoureux programme des conditions indispensables que doit remplir un papier de sûreté vraiment digne de ce nom.

Ce programme, qui est la formule des procédés de fabrication que nous avons inventés, après de longues et minutieuses expériences, va être l'objet du second chapitre de ce Mémoire.

CHAPITRE DEUXIÈME.

PRINCIPES

SUR LESQUELS REPOSE NOTRE SYSTÈME DE PAPIERS DE SURETÉ.

Un papier de sûreté, couvert sur ses deux faces d'une vignette imprimée avec une encre délébile, peut être

Altéré,

Contrefait,

Lavé.

L'altération de la vignette est *accidentelle* ou *volontaire*. — *L'altération accidentelle* peut être produite par *le papier lui-même* ou par *des influences extérieures*. — *L'altération volontaire* est celle produite par le faussaire. On divise les faux en *faux partiels* et en *faux généraux*.

La *contrefaçon de la vignette* peut être faite de trois manières : 1° par *l'imitation de la planche-matrice ;* 2° par une *surcharge* faite à la main *sur la vignette*, avec de l'encre lithographique, et contre-épreuvée sur pierre ; 3° par le *transport direct de la vignette* sur pierre, à l'aide de procédés lithographiques.

Le *lavage* est l'opération chimique que l'on fait subir à des papiers timbrés pour enlever l'écriture qui est à leur surface, afin de les faire servir de nouveau.

Nous espérons démontrer, par l'exposition que nous allons faire de notre système de papiers de sûreté, que nos vignettes s'opposent, d'une manière également victorieuse, à *l'altération*, à la *contrefaçon* et au *lavage*.

Nous diviserons cette exposition en cinq parties : la première traitera *du papier*, la seconde *de la vignette*, la troisième *de la gravure*, la quatrième *de l'impression* et la cinquième *des encres*.

PREMIÈRE PARTIE.

Du Papier.

Autrefois, on employait le parchemin pour transcrire les actes publics ou privés; mais la multiplicité des transactions ne permettant plus que rarement l'emploi de cette matière, le papier qui la remplace doit présenter toutes les conditions possibles de conservation.

Il existe dans le commerce deux sortes de papiers : l'un fait à la main, et nommé *papier à la forme;* l'autre fait à la machine, et qu'on nomme *papier continu*. Quelques mots sur les procédés de fabrication de ces papiers suffiront pour faire apprécier l'importance que l'Administration du Timbre Royal attache, avec raison, à l'emploi presque exclusif du papier à la forme.

Le fabricant de papier continu ne peut faire usage des pâtes triturées au maillet, employées pour la fabrication du papier à la forme : les fils des pâtes préparées par ce procédé conservent trop de longueur pour permettre l'égouttement sur la toile sans fin; il est obligé d'employer des cylindres broyeurs d'une grande énergie, pour convertir le chiffon en pâte très-fine; d'où il résulte que le papier continu est plus beau, mais bien moins solide que le papier à la forme.

Une seconde cause de l'infériorité du papier continu, sous le rapport de la solidité, provient du collage fait en cuve, avec un mélange de savon, de cire, de fécule et d'alun; tandis que le papier à la forme est collé, après sa fabrication, avec de la colle animale.

Peut-être, un jour, nos habiles fabricants parviendront-ils à faire mécaniquement des papiers aussi solides que ceux fabriqués à la main ; nous le désirons, car ce serait un grand progrès (1).

Les papiers dont la pâte a été blanchie avec le chlore doivent être également rejetés par l'Administration de l'Enregistrement et des Domaines. En effet, le chlore énerve la pâte et oppose à la confection des papiers de sûreté des obstacles insurmontables. Les papiers ainsi blanchis contiennent toujours, quelque soin qu'on apporte à cette opération, des principes actifs susceptibles de détruire, à la longue, les substances végétales employées pour colorer les encres délébiles. Nous avons vu des papiers, blanchis de la sorte, sur lesquels l'écriture disparaissait en peu de temps.

Altération accidentelle produite par le papier lui-même.

Il est donc de la plus haute importance de n'employer, dans la confection des papiers de sûreté, que des papiers *fabriqués à la main, avec des chiffons blancs et non blanchis par le chlore.*

Ces recommandations ne sauraient s'adresser à l'Administration du Timbre Royal ; car, ainsi que nous l'avons déjà signalé, cette administration a toujours prouvé qu'elle regardait l'emploi des papiers faits à la main, avec des chiffons non blanchis, comme la conséquence d'une conviction profonde et éclairée. Si nous avons traité cette question, c'est uniquement afin de prouver que nous en comprenions nous-même toute l'importance, *nos procédés pouvant s'appliquer aux papiers continus comme aux papiers à la forme.*

DEUXIÈME PARTIE.

De la Vignette.

Si on n'a pas oublié ce que nous avons dit sur cet objet dans le chapitre Ier de ce Mémoire, on reconnaîtra, nous l'espérons, que nous avons étudié la question sous toutes ses faces, et que, loin de vouloir éluder les difficultés, nous avons, au contraire, cherché à multiplier les obstacles.

(1) Déjà MM. Zuber et comp. se sont fait breveter, le 28 juin 1842, pour un moyen de coller le papier continu avec une colle animale.

Depuis qu'on s'occupe de papiers de sûreté, l'on a dû naturellement chercher les moyens de composer des vignettes incontrefaisables. La planche d'acier damassée et gravée à l'eau-forte, telle qu'elle fut proposée, en **1792**, par Mollard aîné, est une preuve de ce fait. Mais il ne suffit pas qu'un dessin gravé soit difficile, ni même impossible à copier, pour qu'il remplisse toutes les conditions désirables : il faut encore que la vérification des faux soit facile; il faut que le créateur d'un billet, le payeur d'une traite, le premier venu enfin, puisse, à la simple inspection du titre, reconnaître si la vignette a été refaite à l'endroit où le montant du billet s'inscrit habituellement, sans être obligé d'avoir un autre billet pour établir la comparaison. Il faut donc que la vignette soit composée d'éléments réguliers, ayant une forme saisissable à la première vue; mais il faut, et c'est là l'essentiel, que la figure type, d'une régularité géométrique, présente à l'œil une grande pureté dans les lignes et une grande symétrie dans la disposition des diverses parties qui la constituent; il faut éviter avec soin qu'il entre dans sa composition des lignes droites, parce qu'elles sont trop faciles à faire à la règle, ni aucune courbe que le compas puisse tracer d'un seul jet; il faut enfin que l'imitation de cet élément régulier oppose des difficultés insurmontables aux faussaires. Il ne faudrait pas cependant, pour rendre l'imitation plus difficile, adopter une figure très-compliquée dans sa forme, ce qui mettrait dans l'obligation de l'étudier à la loupe, afin de se la bien fixer dans la mémoire; car les yeux sont bien plus aptes à établir une comparaison entre deux figures, s'ils en comprennent la disposition dans toutes les parties, que s'ils ne la comprennent pas.

Altération volontaire. Faux partiel.

Ces éléments réguliers devront être distribués symétriquement sur toute la surface de la feuille, et se répéter un grand nombre de fois, afin d'offrir une masse de points de comparaison.

Ce que nous avons dit relativement à la disposition d'un des éléments réguliers, pris individuellement, s'applique également à l'ensemble de tous les éléments qui constituent la vignette.

Il est donc indispensable, pour que ces éléments réguliers soient inimitables à la main, pour qu'ils soient distribués sur la surface du papier avec une régularité mathématique, et qu'ils offrent une teinte uniforme; il est donc indispensable, disons-nous, qu'ils soient gravés et répartis sur toute la surface d'une planche-matrice en acier ou en pierre, à l'aide d'une machine de précision. Il est, on le conçoit, de toute nécessité que cette machine soit d'une exécution irréprochable (1).

En résumé, le problème à résoudre est celui-ci :

Produire mécaniquement un élément régulier et le répéter identiquement à des distances déterminées, sur une surface donnée, de telle sorte que la main la plus habile, aidée de la vue la plus sûre et de la patience la plus opiniâtre, ne puisse rétablir, d'une manière identique, un seul de ces éléments, s'il venait à être effacé.

Contrefaçon à l'aide d'une surcharge.

Ce que nous venons de dire, pour le faux partiel, s'applique également à la contrefaçon faite à l'aide d'une surcharge. On comprend, en effet, que s'il y a impossibilité pour le faussaire de rétablir à la main le dessin d'un élément régulier, celui qui voudra surcharger avec de l'encre lithographique la vignette des papiers timbrés, pour la contre-épreuver sur pierre, rencontrera la même impossibilité.

Faut-il que les éléments réguliers soient très-petits ou *microscopiques*, suivant le terme consacré?

Nous avons examiné tous les dessins proposés jusqu'à ce jour, lesquels sont microscopiques pour la plupart, et, après avoir fait exécuter des faux sur un grand nombre d'entre eux, nous avons reconnu que les partisans des petits éléments étaient dans l'erreur.

En effet, si la petitesse de l'élément régulier est un obstacle de plus à la falsification, ce système présente, d'un autre côté, un grave inconvénient : c'est que le faussaire, qui serait obligé de copier trait pour trait, dans tous ses détails, la figure visible à l'œil nu, ne chercherait plus qu'à imiter la teinte générale du dessin, s'il était microscopique, assuré qu'il serait que le payeur du billet falsifié, n'ayant presque jamais ni la pensée ni le loisir de prendre une loupe pour vérifier l'état de la vignette, se contenterait d'une inspection superficielle; alors toutes les garanties qui résultent de la complication, de la régularité et de la grande pureté des lignes composant l'élément-type deviendraient stériles.

Il ne faudrait pourtant pas tomber dans le défaut contraire et donner trop d'importance à ces éléments réguliers : on rendrait ainsi praticable le travail du faussaire et la surcharge pour la contrefaçon.

(1) Les machines à graver que nous connaissons, n'offrant pas assez de précision, nous faisons construire, pour cet objet, un instrument nouveau qui ne laissera rien à désirer. (Note C.)

La limite, selon nous, est *la grandeur nécessaire pour rendre visibles à l'œil nu tous les détails de l'élément adopté.*

Faut-il que les éléments réguliers soient très-rapprochés les uns des autres, ou faut-il qu'ils soient légèrement séparés?

Nous avons fait de nombreux essais pour fixer notre opinion à cet égard, et nous sommes aujourd'hui convaincu de la nécessité de séparer les éléments, afin de les rendre plus distincts.

L'expérience nous ayant appris qu'une vignette composée d'éléments réguliers, très-rapprochés les uns des autres, c'est-à-dire n'ayant pas entre eux des espaces plus grands que ceux existant dans l'intérieur des éléments eux-mêmes, ne présente à l'œil nu qu'une *teinte plate*, surtout lorsqu'elle est imprimée avec l'encre pâle, qui est obligatoire pour les papiers de sûreté.

Nous avons fait cette épreuve non-seulement avec de très-petites figures, mais encore avec des éléments ayant plusieurs millimètres de diamètre, et nous avons toujours été dans l'obligation d'employer une loupe pour bien comprendre la forme des éléments gravés.

Ceci est une considération très-grave sur laquelle nous ne saurions trop insister; car s'il était nécessaire de faire usage de la loupe pour contrôler l'état de la vignette des papiers de sûreté (ce qui serait indispensable avec des éléments microscopiques très-rapprochés, surtout lorsque la vignette, imprimée en encre pâle, serait couverte d'écriture et salie par l'usage), l'un des buts que l'on veut atteindre serait manqué complétement.

De ce que nous voulons espacer un peu les éléments réguliers de la vignette, il ne s'ensuit pas que nous voulions laisser des blancs sur la feuille : loin de là. Dans notre système, ces espaces seront remplis par un autre dessin différent d'aspect; mais, avant d'expliquer la nature de ce second dessin, nous allons en démontrer la nécessité par des considérations d'un autre ordre.

Contrefaçon. Imitation de la planche-matrice.

Si, d'un côté, les dessins réguliers, faits à la machine, offrent plus de garanties contre le faux partiel et contre la surcharge, à cause de leur pureté, de leur symétrie et de leur uniformité, d'un autre côté, ils opposent moins d'obstacles à la contrefaçon de la planche-matrice que les dessins qui sont le produit du hasard.

Plusieurs inventeurs et fabricants de papiers de sûreté prétendent qu'ils sont possesseurs de machines propres à graver les planches (plates ou cylindriques) dont ils font usage pour imprimer leurs papiers, et que ces machines offrent une garantie absolue contre l'imitation ; ils affirment que, lors même que les instruments dont ils se servent seraient entre les mains des faussaires les plus habiles, il n'y aurait encore aucune crainte à avoir, attendu que tout dépend de la manière de s'en servir. Nous répondons que de telles assertions ne sont pas soutenables et ne peuvent supporter le plus léger examen.

Vous dites que vous possédez des machines avec lesquelles vous pouvez graver, d'une manière toujours identique, toutes les planches dont vous aurez besoin ; mais alors, comment pouvez-vous espérer que vos machines resteront secrètes, et que la contrefaçon de vos planches sera toujours impossible?

Peut-être répondrez-vous que la contrefaçon est possible, mais qu'elle n'est pas à craindre, attendu que les blanchisseurs de papiers timbrés écrits, qui travaillent maintenant au grand jour, à l'abri d'un arrêt de la Cour de cassation, n'oseront plus, dans la crainte des lois, courir les chances dangereuses d'une pareille contrefaçon. Nous le croyons aussi; mais alors la garantie de l'Administration sera dans la justice et non dans votre papier de sûreté.

L'objection que nous soulevons ici est nouvelle et n'a été faite encore, que nous sachions, par aucun des concurrents. Nous ne prétendons pas dire que cette idée ne soit pas encore venue à ces Messieurs, mais, s'ils l'ont eue, ils se sont bien gardés de la mettre au jour, attendu qu'ils sont tous dans l'impossibilité de parer à cet inconvénient, qui est inhérent au mode de reproduction de leurs planches qu'ils ont adopté.

En effet, toutes les fois que des planches destinées à l'impression d'un papier de sûreté seront gravées séparément, les unes après les autres, au fur et à mesure et en raison des besoins, la contrefaçon en sera toujours à craindre, parce qu'elle sera toujours facile, attendu que, dans ce système, il n'existe pas de planche-matrice, mais bien des machines à fabriquer des planches. Ces machines, fussent-elles nouvelles, compliquées et coûteuses, la garantie serait toujours insignifiante, car, déjà connues des ouvriers qui les ont construites, elles le seraient bientôt de ceux qui s'en serviraient journellement.

Mais, dira-t-on, si les machines sont connues, les poinçons qui seront le produit du hasard ne pourront pas être copiés. C'est encore une illusion. Comment peut-on prétendre que des poinçons ou des molettes sont incontrefaisables, alors même qu'ils auraient été produits par le hasard? Nous comprenons qu'il soit impossible de reproduire identiquement une grande planche dont la gravure est, sur toute sa surface, le produit du hasard ; mais des poinçons et des molettes ne peuvent être des obstacles à la contrefaçon. Les poinçons, dont la surface gravée doit être très-petite, ne portent qu'un seul fleuron ; les molettes n'en portent qu'un très-petit nombre ; il sera donc toujours facile d'en prendre une empreinte, malgré la plus active surveillance.

Aucun de ces inconvénients ne se rencontre dans notre système, attendu que nous commençons par créer une planche-matrice ; que cette planche, incontrefaisable, ainsi que nous le démontrerons plus loin, pourrait être mise sous clef, entre les mains de l'Administration, et que nous ne pourrions en prendre, nous-même, une épreuve qu'en nous soumettant à certaines formalités et en présence d'un inspecteur nommé *ad hoc*, ce qui, dès lors, offrirait toute garantie au Gouvernement.

D'un autre côté, notre procédé de gravure, connu sous le nom de Tissiérographie, étant un secret que nous et nos associés possédons seuls, et n'employant aucun ouvrier pendant nos manipulations, nous pouvons affirmer que jamais il n'y aurait d'infidélités commises dans notre fabrique :

1° Parce que l'opération des transports sur pierre des épreuves de la planche-matrice et des planches sous-matrices se ferait sous les yeux de l'Administration ;

2° Parce que la mise en relief de ces mêmes transports serait faite par nous-même, et que nos pierres gravées, quand elles entreraient dans nos ateliers d'impression typographique, seraient encore à l'abri des infidélités des ouvriers, par suite de la disposition de nos presses, qui rendrait la surveillance de l'Administration très-facile, ainsi que nous l'expliquerons dans la cinquième partie.

La nécessité de mettre à l'abri de la contrefaçon la planche-matrice adoptée par l'Administration du Timbre Royal, pour l'impression des papiers de sûreté, étant démontrée, il nous reste à expliquer quelle est la nature du dessin avec lequel nous remplissons les espaces laissés, dans notre système, entre les éléments réguliers de nos vignettes.

Le dessin que nous intercalons entre les éléments réguliers est microscopique et d'un aspect différent le plus possible de ces mêmes éléments afin qu'il n'y ait pas confusion, et de plus, ce qui est la condition indispensable, ce dessin est, sur toute la surface de la planche, le résultat du hasard, c'est-à-dire qu'il est de toute impossibilité de produire deux dessins semblables, en employant le même moyen de création, ou tout autre. Quelques-uns des moyens que l'on peut employer pour créer ces sortes de dessins sont consignés dans le brevet que nous avons obtenu, pour nous assurer le monopole de notre système de papiers de sûreté, mais ils seraient déplacés dans ce Mémoire; d'ailleurs ce chapitre, consacré au développement d'une théorie, ne peut pas être un manuel pratique.

En résumé, dans notre système de papiers de sûreté, nous composons nos vignettes avec deux dessins créés séparément et par des moyens reposant sur des principes opposés :

L'un composé d'éléments mathématiquement réguliers, bien visibles à l'œil nu, légèrement espacés et gravés par une machine ; — l'autre composé d'éléments irréguliers, bien visibles seulement à la loupe, très-rapprochés, et produits par le hasard.

Le premier dessin, inimitable à la main, mais imitable à l'aide de moyens mécaniques, est destiné à s'opposer au faux partiel et à la surcharge ; — le second dessin, produit par le hasard et inimitable, a pour but d'empêcher la contrefaçon de la planche-matrice, et, par suite, le lavage.

Tel est le résultat de nos travaux sur les vignettes des papiers de sûreté. Nous ne croyons pas qu'il soit possible de proposer un système plus complet et qui offre plus de garanties au Gouvernement et à la société.

Nous terminerons cet article en disant, de nouveau, que tous ceux qui font usage, pour l'impression des papiers de sûreté, de cylindres ou de planches de métal, ne peuvent adopter notre système de vignettes, et que la Tissiérographie seule peut l'utiliser ; attendu que notre procédé chimique de gravure en relief sur pierre participe, sans en avoir les inconvénients, de tous les avantages de la lithographie, de cet art à l'aide duquel on peut contre-épreuver si promptement et si économiquement les vignettes les plus délicates, *et qui seul peut donner le moyen de multiplier indéfiniment une gravure originale, produite par le hasard.*

Lavage des papiers timbrés écrits.

Nous n'avons pas jugé convenable de traiter spécialement la question du lavage des papiers timbrés écrits, le problème se trouvant résolu par les moyens que nous venons d'indiquer pour empêcher le faux partiel, la surcharge et la contrefaçon de la planche-matrice.

TROISIÈME PARTIE.

De la Gravure.

La vignette-mère étant créée sur une planche-matrice, selon les deux systèmes décrits plus haut, nous constituons une série de planches sous-matrices lithographiques, au moyen du transport sur pierre d'un certain nombre d'épreuves tirées sur la planche-matrice, afin de parer à un accident et de garantir la multiplication indéfinie et toujours identique de la vignette-mère (1).

Les planches sous-matrices créées, nous procédons à la formation des planches d'impression typographique, au moyen d'épreuves lithographiques, prises sur une des planches sous-matrices, reportées sur pierre, et mises ensuite en relief par les procédés *chimiques* dont nous sommes l'inventeur, procédés connus, depuis **1839**, dans les arts et dans l'industrie, sous le nom de Tissiérographie.

C'est ce mode de gravure qui fut, ainsi que nous l'avons dit, page **20**, proposé par M. Knecht, en **1841**, à la Commission nommée par M. le Ministre des Finances, et qui mérita son entière approbation.

L'idée de graver en relief sur pierre par des agents chimiques n'est pas nouvelle : il existe, entre autres, à Munich, au Musée de l'école gratuite de dessin, une pierre ainsi gravée, portant la date de **1580**, et dont l'auteur est inconnu.

Senefelder s'est également beaucoup occupé de gravure typographique sur pierre : de **1796** à **1799**, il chercha les moyens de perfectionner cet art et de le rendre propre à remplacer la gravure sur bois ; mais il échoua, comme il en convient lui-même dans l'ouvrage qu'il fit imprimer à Paris,

(1) Dans un brevet d'addition, nous nous sommes réservé de faire des transports inverses de nos vignettes, à l'aide de procédés lithographiques, c'est-à-dire de faire venir en blanc sur fond de couleur les dessins de nos papiers destinés à être imprimés en couleur sur fond blanc.

Ce mode de transport devant présenter une difficulté de plus dans l'exécution des faux partiels et dans la contrefaçon à l'aide d'une surcharge, nous l'adopterons ; car il est infiniment plus difficile de dessiner un sujet quelconque en faisant des réserves sur le papier, qu'en dessinant selon l'usage habituel, toutes les fois qu'il n'y a pas de parallélisme entre les lignes du dessin.

en 1819, et il cessa ses recherches pour se consacrer entièrement aux perfectionnements de la lithographie, son admirable invention.

Duplat père se fit breveter, le 27 avril 1810, pour un procédé particulier de gravure en relief sur pierre, qui reposait sur une autre base que celui dont Senefelder nous a laissé la description.

M. Girardet enfin est un de ceux qui, depuis, se sont le plus occupés de perfectionner ce mode de gravure ; mais ni Senefelder, ni Duplat, ni M. Girardet, ni d'autres, n'ont pu produire de gravures satisfaisantes (1).

Il serait impossible d'arriver, par les procédés qu'ils ont employés, à graver en relief, *d'une manière identique* (ce qui est ici la condition indispensable), deux contre-épreuves sur pierre de la vignette jointe à ce mémoire.

En résumé, nous dirons que la Tissiérographie est à la gravure typographique ce que le Daguerréotype est au dessin, et que nul système de gravure, au point de vue du papier de sûreté, ne peut rivaliser avec elle, sous le rapport du temps, du prix, de la perfection, de l'usage et de la reproduction indéfinie et toujours identique de la vignette-mère.

QUATRIÈME PARTIE.

De l'Impression.

Le tirage typographique est le seul mode d'impression qui puisse être convenablement adopté pour la fabrication des papiers de sûreté, à cause des nombreux avantages manufacturiers qu'il présente sur les deux autres modes connus : la taille-douce et la lithographie.

A cet égard, nous nous conformons aux désirs de l'Administration, qui, n'ayant jamais voulu renoncer au papier dont elle a toujours fait usage, a, de tout temps, favorisé les recherches qui avaient pour but d'introduire les presses ordinaires, manuelles ou mécaniques, dans l'impression des papiers de sûreté.

(1) Voir l'*Historique de la gravure typographique sur pierre et de la Tissiérographie*, que nous venons de publier.

Cependant si l'Administration du Timbre adoptait un papier continu, nous serions encore en mesure d'imprimer ce papier typographiquement, à l'aide de la Tissiérographie.

Les presses typographiques mécaniques, en usage aujourd'hui, convenant parfaitement au tirage de nos papiers, à part quelques modifications que nous leur ferons subir, nous les avons adoptées.

CINQUIÈME PARTIE.

Des Encres.

Nous allons traiter la question des encres d'impression au point de vue de leur délébilité, ou du faux partiel, — et au point de vue de la contre-épreuve sur pierre de la vignette, ou de la contrefaçon.

Altération accidentelle, influences extérieures.

Pour éviter le faux partiel et le lavage, les vignettes des papiers de sûreté doivent être imprimées avec une *encre délébile;* mais cette encre ne doit être ni plus ni moins délébile que l'encre usuelle à écrire ; si elle l'était moins, le faux partiel deviendrait praticable; si elle l'était plus, il pourrait en résulter de graves inconvénients : la lumière, les diverses influences atmosphériques, l'eau, la transpiration et les nombreuses émanations chimiques auxquelles le hasard peut les exposer seraient autant de causes qui contribueraient à son altération.

L'encre d'impression délébile des papiers de sûreté doit donc être capable de résister à toutes les influences extérieures que nous venons d'indiquer (1), mais doit être susceptible de disparaître entièrement au contact des réactifs nécessaires pour enlever l'écriture faite en encre usuelle ordinaire. Toutefois il convient que l'encre de la vignette soit un peu plus délébile que l'encre usuelle, car cette dernière n'est pas toujours dans son état naturel, et peut se trouver quelquefois, *accidentellement ou avec préméditation*, mêlée avec de l'eau, ce qui la rend plus faible et par suite plus délébile.

(1) Cette encre doit pouvoir également résister à l'action des agents chimiques employés dans les lazarets pour *assainir* les lettres et les actes venant des pays infectés.

Altération volontaire. Faux général.

En outre du faux partiel, il existe une nature de faux qui porte le nom de faux général : c'est celui où, se bornant à conserver par des réserves quelques mots d'un écrit, on fait disparaître tous les autres pour les remplacer ; où, ne s'astreignant plus à conserver le papier dans son entier, on enlève la partie de la feuille qui porte les timbres et le filigrane, pour ne conserver que la partie inférieure qui porte une signature, accompagnée de quelques mots que le faussaire veut utiliser. La Commission Académique de 1837 a proposé l'impression d'une vignette en encre indélébile pour s'opposer à cette espèce de faux, afin, dit le rapporteur, que toute la surface de la feuille conserve toujours la trace de son origine. Nous croyons qu'il serait plus économique et plus sûr de donner ce caractère indélébile au papier timbré, par l'adoption d'un filigrane ayant une nouvelle forme et une autre disposition.

Contrefaçon par le transport direct de la vignette sur pierre.

La question des contre-épreuves lithographiques, liée étroitement à celle des encres, est, selon nous, celle qui a présenté le plus de difficultés à vaincre et celle qui a été le moins approfondie par tous ceux qui se sont occupés de la matière.

En réfléchissant aux progrès merveilleux que les arts d'imitation ont faits de nos jours ; en voyant nos habiles lithographes transporter sur pierre, sans le secours de surcharges manuelles, non-seulement les vieux imprimés, mais encore les vieilles épreuves de gravure sur bois et sur cuivre, on ne sera pas surpris d'apprendre que *toutes les vignettes des papiers de sûreté, imprimées en encres grasses ou résineuses, délébiles ou indélébiles, produites jusqu'à ce jour, ont été contre-épreuvées sur pierre.* C'est afin d'obvier à ce grave inconvénient, que les deux Commissions Académiques ont recommandé, pour l'impression des papiers de sûreté, les encres aqueuses délébiles, et notamment l'encre usuelle épaissie, ou la boue d'encre.

Mais il paraît qu'aujourd'hui, les encres aqueuses, préconisées comme devant s'opposer d'une manière victorieuse à la contre-épreuve sur pierre, n'offrent pas plus de sécurité que les encres grasses.

M. Alkan et M. Quinet nous ont affirmé qu'ils possédaient un procédé chimique à l'aide duquel ils pouvaient transporter directement sur pierre *toute espèce de vignettes imprimées en encre aqueuse, fluide ou épaisse*, et qu'ils étaient prêts à contre-épreuver, chacun selon leur procédé, tous les papiers de sûreté que l'Administration voudrait soumettre à ce genre d'épreuve.

Ainsi, désormais, c'est en vain qu'on aura conçu un système de papiers de sûreté réunissant d'ingénieuses combinaisons de dessins, un excellent procédé de gravure, un mode économique d'impression et même de bonnes encres délébiles et indélébiles; si la vignette reste exposée au danger de la contre-épreuve sur pierre, l'échafaudage des combinaisons les plus savantes et des procédés les plus parfaits tombera tout d'une pièce devant ce grave inconvénient. (Note D.)

Assurément, si le papier de M. Mozard était fabriqué à la main, s'il n'était pas susceptible de se dédoubler, si la vignette en était conçue dans un meilleur système, si enfin ce papier remplissait les autres conditions nécessaires, il devrait être préféré, parce qu'il n'est pas avec lui de contre-épreuve possible, la vignette étant placée dans l'épaisseur de la feuille.

Mais comme le papier de M. Mozard, ainsi que tous les papiers faits sur ce principe, quelque perfectionnement qu'on apporte à leur fabrication, ne rempliront jamais toutes les conditions de notre programme, nous avons dû chercher le moyen de donner à notre papier de sûreté la seule mais indispensable qualité qui lui manquait, c'est-à-dire d'empêcher que la vignette puisse être contre-épreuvée lithographiquement.

Le système que nous avons conçu peut se combiner avec l'emploi des encres grasses ou résineuses comme avec celui des encres aqueuses; mais nous donnons la préférence aux encres résineuses délébiles, parce qu'elles sont d'un emploi plus facile dans la typographie que les encres aqueuses, et ne sont pas susceptibles de jaunir, à la longue, comme les encres grasses.

Un autre motif déterminant qui nous a fait rejeter les encres aqueuses, c'est que la vignette du papier de sûreté doit avoir la propriété de résister au mouillage que le typographe fait subir à son papier avant d'en faire usage; car il y a beaucoup d'actes qui, se répétant souvent et devant être faits sur papier timbré, sont imprimés d'avance, sauf quelques blancs qui doivent être remplis à la main.

Bien que le chapitre II de ce Mémoire ne soit, comme nous l'avons déjà dit, qu'un résumé de notre théorie et non pas un manuel pratique, nous croyons devoir, à propos de nos encres, entrer dans quelques détails de fabrication, afin de mieux faire comprendre toute l'importance de cette partie de notre système. Voici comment nous procédons:

Nous commençons par fabriquer une certaine quantité d'encre blanche, composée de baume de copahu, de térébenthine de Venise et de craie de

Champagne, préalablement lavée à grande eau et séchée ; lorsque cette encre blanche est parfaitement broyée, à la consistance de l'encre typographique ordinaire, nous mettons à part la moitié de la masse fabriquée : cette encre blanche prend le nom d'encre n° **1**. Dans l'autre moitié de la masse, nous ajoutons une quantité convenable d'encre à écrire usuelle, préalablement réduite en poudre par l'évaporation, afin de lui donner la teinte nécessaire pour rendre la vignette, qui doit être imprimée avec cette encre, bien visible à tous les yeux, de telle sorte néanmoins que l'écriture ressorte parfaitement sur le dessin. Cette seconde moitié de la masse, bien broyée avec l'encre usuelle en poudre, prend le nom d'encre n° 2. (Note E.)

Nous faisons d'abord une impression de notre vignette avec l'encre n° **1**, sur les deux faces de chaque feuille de papier. Nos vieilles planches et nos planches avariées sont excellentes pour cette première impression, qui, n'étant pas visible, n'a pas besoin d'être faite avec des planches sans défauts.

Nous procédons ensuite à l'impression de la vignette qui doit être visible, avec l'encre n° 2. Celle-ci est faite avec tout le soin possible, et par conséquent avec des pierres d'une gravure irréprochable.

Dans notre système, ces deux vignettes ne sont jamais juxtaposées

Après ces deux impressions, le papier est porté dans un atelier spécial, où il est séché, trié, mis en presse et rogné.

Lorsque nos ateliers de typographie seront organisés, ces deux impressions seront faites simultanément sur des presses typographiques mécaniques qui auront deux cylindres presseurs, deux rangées de planches d'impression et deux appareils de cylindres encreurs : l'un fournissant l'encre n° **1** (1), l'autre l'encre n° **2**; alors les frais de tirage ne seront guère plus considérables que si l'impression était simple.

Ces presses seront disposées pour faire le tirage en blanc, c'est-à-dire d'un seul côté des feuilles à la fois ; mais les feuilles de papier, margées une seule fois, devront passer nécessairement sous les deux cylindres presseurs et subir les deux impressions avant d'être reçues.

En lisant notre Résumé, on comprendra toute l'importance de cette disposition particulière de nos presses.

(1) Ce premier appareil sera composé d'un cylindre en verre et d'une table en marbre.

RÉSULTATS

DE NOTRE COMBINAISON D'ENCRES ET DE NOTRE DOUBLE IMPRESSION.

Quand un faussaire voudra enlever un mot, une phrase ou un corps d'écriture tracé sur notre papier de sûreté, il commencera par faire usage de chlore, qui détruira la couleur de l'écriture et en même temps celle de la vignette visible, le principe colorant de l'encre n° 2 étant le même que celui de l'encre usuelle, avec laquelle aura été tracée l'écriture ; puis il fera usage d'un acide pour enlever l'oxyde de fer, qui laissera encore des traces à la place de chaque lettre et de chaque trait de la vignette visible, traces que le chlore ne peut pas détruire. Dans cette seconde opération, l'acide aura dissout également la craie contenue dans l'encre n° 1 et dans l'encre n° 2.

Il ne restera plus alors sur notre papier de sûreté, à la place blanchie, que le léger gaufrage produit par les deux impressions et les principes résineux des deux encres employées, car il ne restera plus trace de l'encre avec laquelle l'écriture aura été faite.

Mais ni le léger gaufrage produit par l'impression de la vignette visible, ni les vestiges laissés par le vernis résineux de l'encre n° 2, ne pourront être de quelque utilité au faussaire, dans le travail manuel de la reconstruction de la partie de la vignette détruite; car les deux gaufrages produits par l'impression des vignettes invisibles et visibles, et les traces des principes résineux laissées sur le papier par les encres n° 1 et n° 2, se confondront au point qu'on ne pourra rien distinguer.

La contrefaçon de la vignette par transport lithographique sera également impossible : en effet, quel que soit le procédé employé pour opérer la contre-épreuve sur pierre, on ne pourra éviter de transporter en même temps les deux vignettes, la vignette visible et la vignette invisible, puisque toutes deux sont imprimées en encre résineuse, au même instant, et que la seule substance qui différencie leurs encres d'impressions est un peu d'encre usuelle sèche qui ne peut avoir aucune influence sur le transport, étant mêlée à un corps résineux qui se prête plus facilement qu'elle à la contre-épreuve sur pierre.

En contre-épreuvant la vignette de notre papier de sûreté, le contrefacteur, loin de trouver sur la pierre le dessin qu'il désire, ne trouvera donc qu'une surface entièrement noire ou ne présentant qu'une confusion produite par le transport instantané des deux vignettes, qui sont identiques, mais non juxtaposées, comme nous l'avons dit page 37.

RÉSUMÉ DES PRINCIPES

SELON LESQUELS

SERAIT FABRIQUÉ NOTRE PAPIER DE SURETÉ

ET

Des diverses Formalités qui seraient observées pendant sa Fabrication.

Le papier que nous proposons serait fabriqué à la forme et vergé; il porterait dans sa pâte un ou plusieurs filigranes fournis par l'Administration.

La pâte de ce papier serait faite uniquement avec des chiffons blancs (et non blanchis par le chlore) triturés au maillet. Ce papier serait collé, après sa fabrication, avec de la colle animale.

Notre planche-matrice aurait $0^{m},4300$ de hauteur, sur $0^{m},6000$ de largeur (ce qui est le format du plus grand papier timbré); elle serait couverte d'une vignette composée de deux dessins créés séparément, l'un après l'autre, par des moyens reposant sur des principes opposés.

Le premier serait composé d'éléments mathématiquement réguliers, ayant une forme saisissable à la première vue, une grande pureté de lignes et une grande symétrie dans la disposition de ses diverses parties constituantes.

Ces éléments ne contiendraient ni lignes droites ni courbes que le compas puisse tracer d'un seul jet; leur mesure serait la grandeur nécessaire pour rendre visibles à l'œil nu tous les détails de leur composition; ils seraient légèrement espacés, afin de les rendre plus distincts; ils seraient distribués sur toute la surface de la planche avec une régularité mathématique, et enfin gravés d'une manière identique à l'aide d'une machine de précision.

Le second dessin, qui remplirait les espaces réservés entre les éléments réguliers, serait composé d'éléments irréguliers, bien visibles seulement à la loupe, très-rapprochés et gravés par le hasard.

Le premier de ces dessins, inimitable à la main, mais imitable à l'aide d'une machine, serait destiné à s'opposer au faux partiel et à la surcharge manuelle.

Le second, produit par le hasard et inimitable, aurait pour but d'empêcher la contrefaçon de la planche-matrice, et par suite le lavage.

La planche-matrice, faite et acceptée, serait remise entre les mains de l'Administration, qui en confierait la garde à un employé de son choix. Cette planche serait renfermée dans un coffre à deux serrures : l'employé de l'Administration aurait la clef de l'une, et nous la clef de l'autre.

Nous ne pourrions faire prendre des épreuves sur la planche-matrice qu'en présence du gardien de la planche; un registre mentionnerait le nombre d'épreuves tirées; à chaque opération, ce registre serait paraphé par nous et par l'employé de l'Administration.

Afin de parer à toute espèce d'accidents et pour garantir la multiplication indéfinie et toujours identique de la vignette gravée sur la planche-matrice, il serait procédé à la formation de vingt sous-matrices lithographiques (1).

Ces vingt sous-matrices seraient également mises sous double clef, et l'on emploierait, pour en prendre des épreuves, les formalités observées pour la planche-mère.

Ce n'est que sur les planches sous-matrices que seraient tirées les épreuves que nous voudrions transporter sur les pierres destinées par nous à la gravure et à l'impression.

Les contre-épreuves lithographiques, prises sur les planches sous-matrices,

(1) Nous nous sommes réservé, dans notre brevet, de former nos planches sous-matrices à l'aide de l'électrotypie.

seraient gravées par nous-même, dans nos ateliers particuliers, à l'aide des procédés chimiques de la Tissiérographie, connus seulement de nous et de nos associés.

Nos planches d'impression gravées seraient tenues sous double clef, dans une pièce réservée de notre imprimerie, pour les besoins de la fabrique.

Les pierres de service sur nos presses seraient également mises sous clef, chaque soir, après la journée de travail, par l'employé de l'Administration et notre contre-maître.

Nos presses typographiques n'imprimeraient qu'un côté des feuilles à la fois, mais feraient simultanément deux impressions sur chaque page, l'une avec l'encre n° 1, l'autre avec l'encre n° 2. Ces presses seraient enfin disposées de telle sorte que le papier margé devrait nécessairement passer sous les deux cylindres avant de sortir de la presse; par ce moyen la vignette du papier de sûreté serait à l'abri de toutes contrefaçons lithographiques.

Pour qu'un ouvrier infidèle parvînt à changer la disposition de nos presses, dans le but de se procurer une épreuve de la vignette, imprimée une fois seulement en encre blanche ou teintée, afin d'en faire un transport sur pierre, il faudrait qu'il pût disposer d'un temps considérable, ce qui ne serait pas possible en la présence de nos surveillants et de ceux de l'Administration du Timbre Royal.

Chaque feuille de papier de sûreté serait couverte entièrement (1), sur ses faces, d'une vignette composée comme il est dit plus haut, imprimée deux fois simultanément : la première fois en encre résineuse incolore, la seconde fois au moyen de cette même encre convenablement teintée avec de l'encre usuelle, réduite en poudre par l'évaporation et le porphyre.

Cette double impression ayant pour but :

1° De produire un double gaufrage sur la feuille de papier et d'y laisser une double trace de corps résineux, après que l'action du chlore et d'un acide a fait disparaître tous les principes colorants de l'écriture et de la vignette visible, afin que ni le gaufrage de l'impression ni les traces légères laissées par le véhicule de l'encre d'impression typographique, ne puissent guider en aucune façon la main du faussaire dans la reconstruction de la partie de la vignette détruite avec l'écriture;

(1) Nous traiterons la question des timbres à la fin de ce Mémoire.

2° De s'opposer au transport de la vignette sur pierre par les procédés lithographiques, ou par tout autre procédé chimique que l'on pourra découvrir un jour, en mettant l'opérateur dans l'impossibilité de transporter la vignette visible sans la vignette invisible; ce qui produirait alors une telle confusion sur la pierre du transport, que le faussaire ne pourrait tirer aucun parti de son travail.

Tels sont, en résumé, les procédés que nous nous proposons d'appliquer à la fabrication du papier de sûreté destiné à être frappé des timbres de l'Administration.

Le petit échantillon joint à ce Mémoire est la traduction de tout notre système et peut donner une idée fort exacte de la nature de nos dessins, de nos procédés de création de planches-matrices, de transports inverses, de gravure en relief, d'impression et de la combinaison de nos encres blanches et teintées.

Nous n'avons pas fait un échantillon plus grand parce que c'était inutile pour montrer l'application de notre système, et qu'avant d'opérer sur une plus large échelle, nous désirions savoir si l'Administration, tout en adoptant l'ensemble de cette vignette, n'aurait aucun changement à nous demander dans la disposition ou la proportion de ses éléments; et parce qu'enfin nous n'avions pas à prouver ici l'application de la Tissiérographie à de grandes surfaces, puisque toutes les pierres que nous avons gravées pour le dernier concours de M. Knecht, en **1841**, et qui ont été soumises à la Commission, avaient **36** sur **54** centimètres de côté, et que des centaines de rames ont été tirées sur une seule de ces pierres, sans qu'elle ait souffert la plus légère altération.

Nous ne terminerons pas ce chapitre sans rappeler ce que nous disions à M. le Ministre des Finances, dans notre lettre du **24** novembre **1842**, savoir : Qu'une association étroite entre *la fabrication du papier, la gravure des planches et l'impression des vignettes*, telle que nous l'avons établie avec M. H. Bouchet, fournisseur actuel des papiers destinés aux timbres, ne saurait causer aucun dérangement dans l'organisation et dans les usages de l'Administration, ne modifierait son personnel en aucune façon et constituerait, au contraire, dans les mains de l'État, un monopole aussi précieux pour ses intérêts qu'indispensable pour la sécurité des transactions commerciales et la morale publique.

Tel est le résultat de nos travaux : nous espérons qu'on voudra bien reconnaître que nous avons apporté tous nos soins à l'étude de la question, et que le papier de sûreté que nous proposons s'oppose avec un succès égal *à tous les genres de contrefaçons*, tels que *l'imitation de la planche-matrice, la surcharge de la vignette et son transport direct sur pierre*, comme *à toutes les espèces de faux partiels* et *au lavage ;* qu'il peut braver *l'action de toutes les influences extérieures et de tous les agents auxquels l'encre usuelle peut résister ;* que notre manière de *multiplier la vignette-mère*, nos procédés de *gravure typographique* et notre mode d'*impression* offrent toutes les garanties désirables et remplissent toutes les conditions manufacturières d'économie et de célérité; et qu'enfin notre système s'oppose de la manière la plus complète à l'*Altération*, à la *Contrefaçon* et au *Lavage* des papiers de sûreté.

QUESTION

DES

TIMBRES.

Bien que la question des timbres soit entièrement du ressort de l'Administration, comme elle se trouve liée à celle des papiers de sûreté, nous ne pouvons la passer sous silence.

Les vignettes délébiles ou indélébiles des papiers de sûreté ne peuvent remplacer les timbres dont l'Administration frappe ses papiers.

Les timbres sont les signes qui, selon la loi, donnent aux papiers vendus par le Gouvernement le caractère indélébile de leur origine. Dans un autre ordre d'idées, ces timbres sont encore une garantie pour l'État contre l'infidélité du fabricant de papiers, de l'imprimeur, si les papiers sont couverts d'une vignette, et enfin de tous ceux entre les mains desquels les papiers doivent passer avant d'entrer dans les ateliers du Timbre Royal.

Les timbres dont les papiers marqués sont revêtus aujourd'hui, en outre du filigrane placé au centre de chaque feuille, sont au nombre de deux : un timbre noir indélébile, imprimé en encre grasse, et un timbre sec.

Ce timbre noir (ou timbre gras, comme on le nomme habituellement) et ce timbre sec n'apportent, on le sait, dans l'état actuel des papiers timbrés, aucun empêchement à la falsification des actes publics ou privés et au lavage des papiers timbrés écrits. De plus, le timbre gras, on le sait encore, se transporte très-facilement sur pierre.

Une réforme devra donc nécessairement être introduite dans le système des timbres, lorsque l'Administration aura fait choix d'un bon papier de sûreté.

Présumablement, à cette époque, le timbre gras sera supprimé, à cause de son indélébilité, qui vient en aide aux blanchisseurs de papiers timbrés écrits, et sera remplacé par *un timbre noir délébile*.

Si notre système était adopté, ce timbre noir pourrait être imprimé avec notre encre n° 2, dans laquelle on augmenterait la dose d'encre usuelle sèche, afin de lui donner une teinte beaucoup plus foncée ; il serait alors délébile et ne pourrait être contre-épreuvé sur pierre, étant placé sur notre vignette de sûreté.

Le timbre sec devrait être également apposé sur notre vignette, imprimée en encre délébile pâle, et non sur une place blanche réservée, ainsi qu'il en est question dans le brevet de M. Bressier. (Voir page 10.)

Le motif déterminant qui nous fait proposer 1° de remplacer le timbre noir indélébile par un timbre noir délébile ; 2° d'imprimer le timbre sec de l'Administration sur la vignette délébile du papier de sûreté et non sur une surface blanche réservée, est qu'il faut mettre les blanchisseurs de papiers timbrés écrits dans la nécessité non-seulement de contrefaire la planche de la vignette de sûreté, mais encore les timbres de l'État ; et cela, par l'impossibilité où ils seraient de faire raccorder sur le papier blanchi l'impression de la vignette contrefaite avec les parties de la vignette légale couvertes par les timbres, dans le cas où ils auraient préservé ces deux parties de la feuille du contact des réactifs.

Dans l'autre hypothèse, c'est-à-dire dans celle où les blanchisseurs de papiers timbrés ne feraient pas de réserve à l'endroit des timbres, il est facile de démontrer que l'opération du lavage et celle de la nouvelle impression effaceraient presque complétement l'empreinte du timbre sec, et détruiraient entièrement celle du timbre noir; de là, par conséquent, obligation de contrefaire ceux-ci, comme nous l'avons dit plus haut.

On peut voir, comme spécimen, le timbre noir délébile et le timbre sec dont nous avons frappé notre échantillon de papier de sûreté.

NOTE A.

Il y a quelques années, à l'époque où la question des encres indélébiles était à l'ordre du jour, le frère d'un de nos amis, M. Robin de Nantes, offrit à M. Clément Desormes plusieurs échantillons d'écriture tracée avec une encre indélébile. Après avoir soumis infructueusement cette encre à l'action de tous les réactifs chimiques connus susceptibles de la faire disparaître sans altérer le papier, M. Clément Desormes eut, en désespoir de cause, l'idée de l'exposer sous le filet d'eau d'une petite fontaine, pendant vingt-quatre heures; au bout de ce temps, le papier, nullement altéré, était d'une entière blancheur: il ne restait aucune trace de l'écriture.

NOTE B.

Au nombre des quinze systèmes de papiers de sûreté qui n'ont pas été admis, par la grande Commission de 1838, au concours des cinq cents rames, il est un procédé auquel son inventeur a donné beaucoup de publicité dans les journaux; nous voulons parler du système de M. Quinet, dont voici la formule, insérée par l'auteur lui-même dans *le Siècle* du 30 août 1841 : « Double procédé d'impression instantanée, l'un à l'encre « usuelle, l'autre à l'encre indélébile ; l'altération de la première mettant la seconde en « relief. »

M. Quinet n'ayant jamais voulu montrer ses échantillons de papier de sûreté à qui que ce fût, si ce n'est aux membres de la Commission ministérielle, qui a déjà prononcé sur leur mérite, il nous a été impossible d'en faire l'analyse dans notre Mémoire.

A ce sujet, nous sommes surpris que M. Quinet, qui, depuis longtemps, s'est pris corps à corps avec tous les procédés de ses rivaux, n'ait pas compris tout ce que cette réticence de sa part avait de peu loyal et surtout de dangereux pour le triomphe de son propre système.

Voyons cependant s'il n'y aurait rien à dire sur la simple formule que nous venons de donner, et que nous avons copiée textuellement dans un numéro du *Siècle*, qui nous a été remis par M. Quinet en personne.

Selon ce lithographe, lorsqu'un faussaire voudra faire usage des réactifs indispensables pour enlever un mot ou une phrase sur son papier, à l'instant, le dessin d'une vignette, invisible dans l'état normal, paraîtra, et le faux, qui ne pourra plus être consommé, se trouvera constaté d'une manière irréfragable, puisque la vignette accusatrice sera indélébile.

Si cette explication de la formule du système de M. Quinet est exacte, et nous ne croyons pas qu'il soit possible de l'interpréter autrement, nous dirons que l'inventeur se fait complétement illusion sur le mérite de son papier :

1º Parce que l'encre qu'il emploie pour l'impression de sa vignette invisible est une encre sympathique qui, mise en évidence par un réactif, disparaîtra sous l'action d'un autre, choisi convenablement (Voir ce que nous avons déjà dit à ce sujet, page 7 de ce Mémoire, à propos du papier de M. George Dorsay) ;

2º Parce qu'il n'existe en chimie qu'une substance, qui est l'encre de Chine, susceptible de faire une encre réellement indélébile. L'encre de Chine, comme on le sait, formée de charbon excessivement divisé, est insoluble et inattaquable par tous les agents connus, à de basses températures, c'est-à-dire agissant dans des conditions convenables pour ne pas détruire le papier.

Certainement M. Quinet n'a pu parvenir à faire une encre d'impression blanche avec de l'encre de Chine.

Maintenant, si la vignette invisible, employée par l'inventeur pour empêcher l'exécution des faux, n'est pas indélébile alors qu'elle est devenue visible, quelle est l'utilité de cette vignette? Quel avantage offre le papier de M. Quinet sur les papiers de sûreté couverts d'une simple vignette délébile ?

Bien que nous puissions étendre notre critique sur d'autres parties de ce système, nous nous en tiendrons, pour l'instant, à cette objection que nous croyons sans réplique. Plus tard, lorsque l'inventeur voudra bien mettre au jour son papier de sûreté, nous reprendrons notre examen en sous-œuvre.

Note C.

Depuis un an que, pour nos nombreux essais, nous faisons graver, soit sur pierre, soit sur cuivre, soit sur acier, les éléments réguliers qui sont indispensables dans notre système de papier de sûreté, comme dans tous ceux de nos rivaux, pour empêcher les faux partiels, nous n'avons pas encore pu obtenir la perfection que l'on doit désirer et que la théorie commande.

Nous nous sommes donc adressé à l'un de nos mécaniciens les plus experts, qui a déjà donné des preuves nombreuses de son habileté, et nous avons eu le bonheur de lui voir résoudre d'une manière admirable le problème que nous lui avions posé.

Vers la fin de l'année, nous espérons pouvoir mettre sous les yeux de M. le Ministre des Finances, et de MM. les membres de la Commission, ce nouvel instrument, dont la précision répondra à toutes les exigences de la théorie, et avec l'aide duquel nous prenons l'engagement public de contrefaire identiquement *toutes les planches-matrices, couvertes de dessins réguliers ou irréguliers, gravés par des machines*, qui seront présentées à la Commission.

Note D.

M. Alkan et M. Quinet ne nous ont pas mis à même de vérifier l'exactitude de leurs assertions, et notre délicatesse ne nous a point permis de demander les preuves qui ne nous étaient pas offertes ; mais nous avons tout lieu de croire que ces Messieurs possèdent réellement les procédés dont ils nous ont parlé.

Du reste, au moment où nous écrivons ces lignes, un lithographe de nos amis, qui vient de découvrir un procédé susceptible de résoudre, par un moyen tout à fait nouveau, la question qui nous occupe, vient de prendre avec nous l'engagement :

1° De contre-épreuver sur pierre, par une opération chimique et sans le secours d'aucune surcharge manuelle, tous les dessins ou tous les textes en encre usuelle, quelle que soit leur ancienneté, que la Commission ministérielle voudra bien nous confier ;

2° De tirer sur les contre-épreuves obtenues tel nombre de feuilles que l'on voudra ;

3° De rendre intacts les originaux confiés.

Note E.

Nous avons essayé d'employer l'outremer, proposé par la Commission académique de 1836, dans la composition de notre encre n° 2, pour l'impression de notre vignette visible, et nous avons obtenu de bons résultats, en faisant usage du mélange suivant :

Craie de Champagne, bien lavée. . .	20 gramm.
Encre usuelle sèche (1).	4
Outremer.	1
Vernis.	s. q.

Notre vernis est composé de baume de copahu et de térébenthine de Venise, fondus ensemble par parties égales.

(1) Nous donnons la préférence au gallate de fer sur l'encre usuelle, telle qu'on la trouve dans le commerce. La gomme que l'encre usuelle contient toujours, et le sucre qu'elle contient souvent, étant mêlés à un vernis gras ou résineux, opposent des obstacles insurmontables à la pureté de l'impression de la vignette visible.

TABLE DES MATIÈRES.

CHAPITRE PREMIER.

CHAPITRE DEUXIÈME.

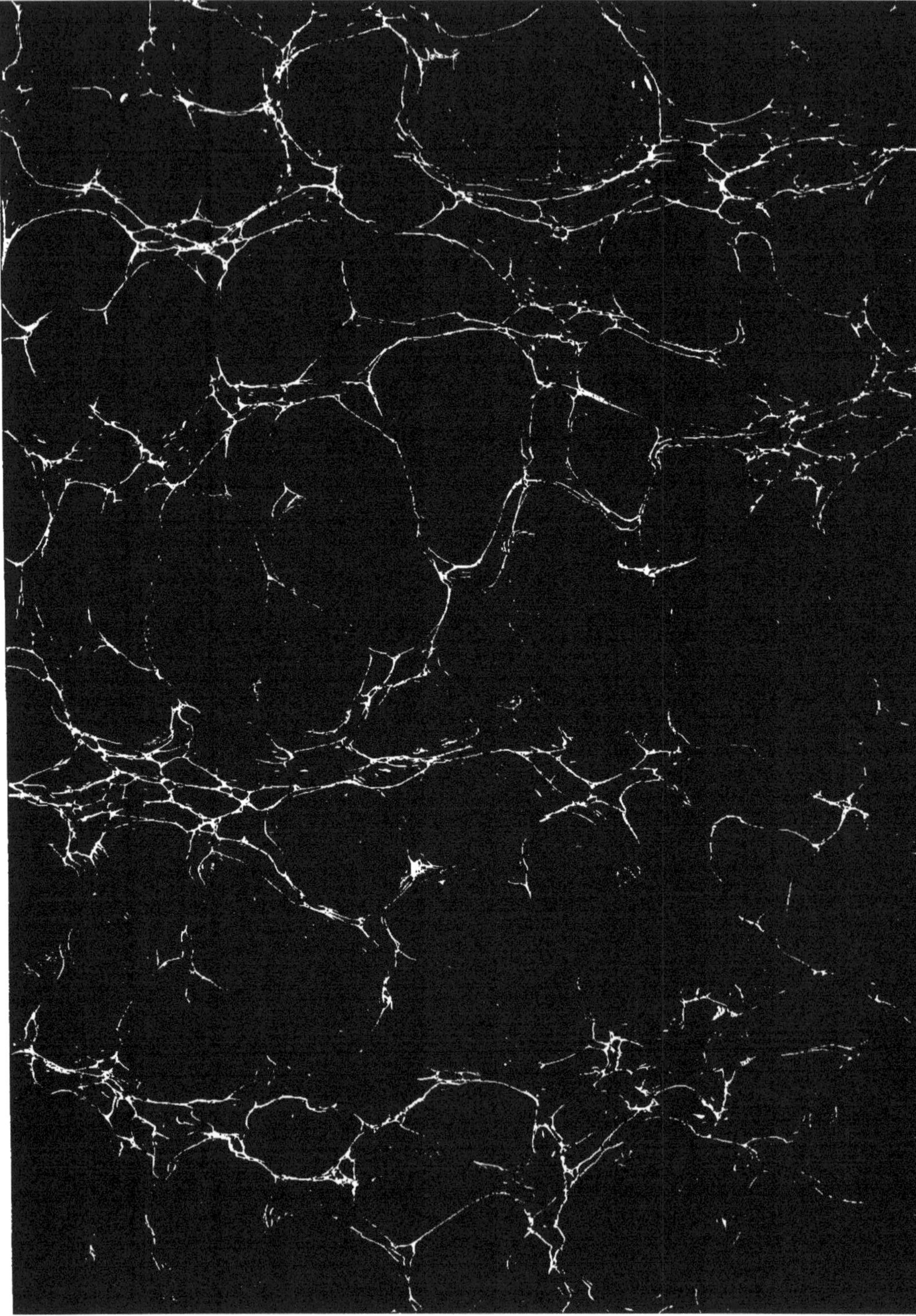

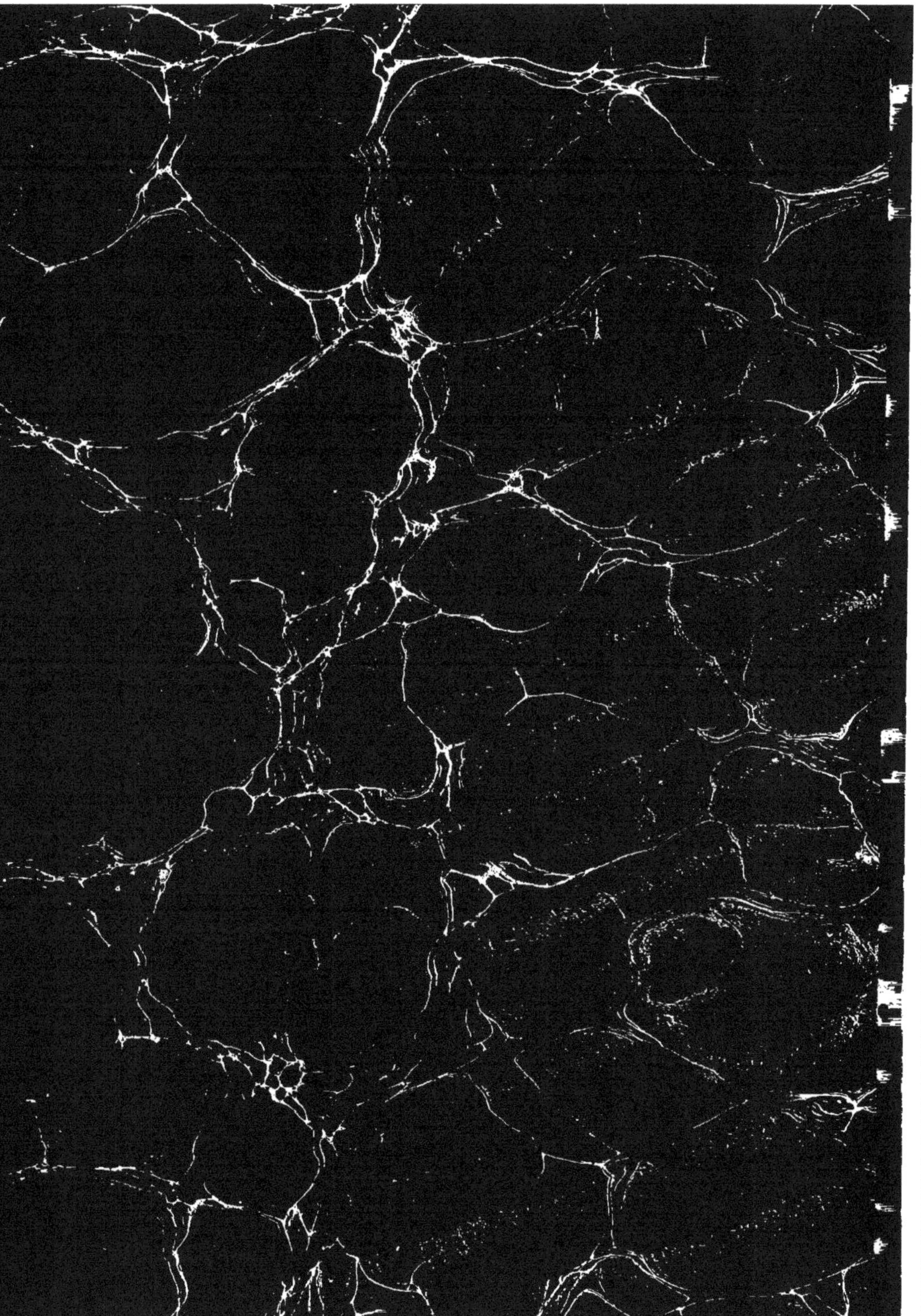

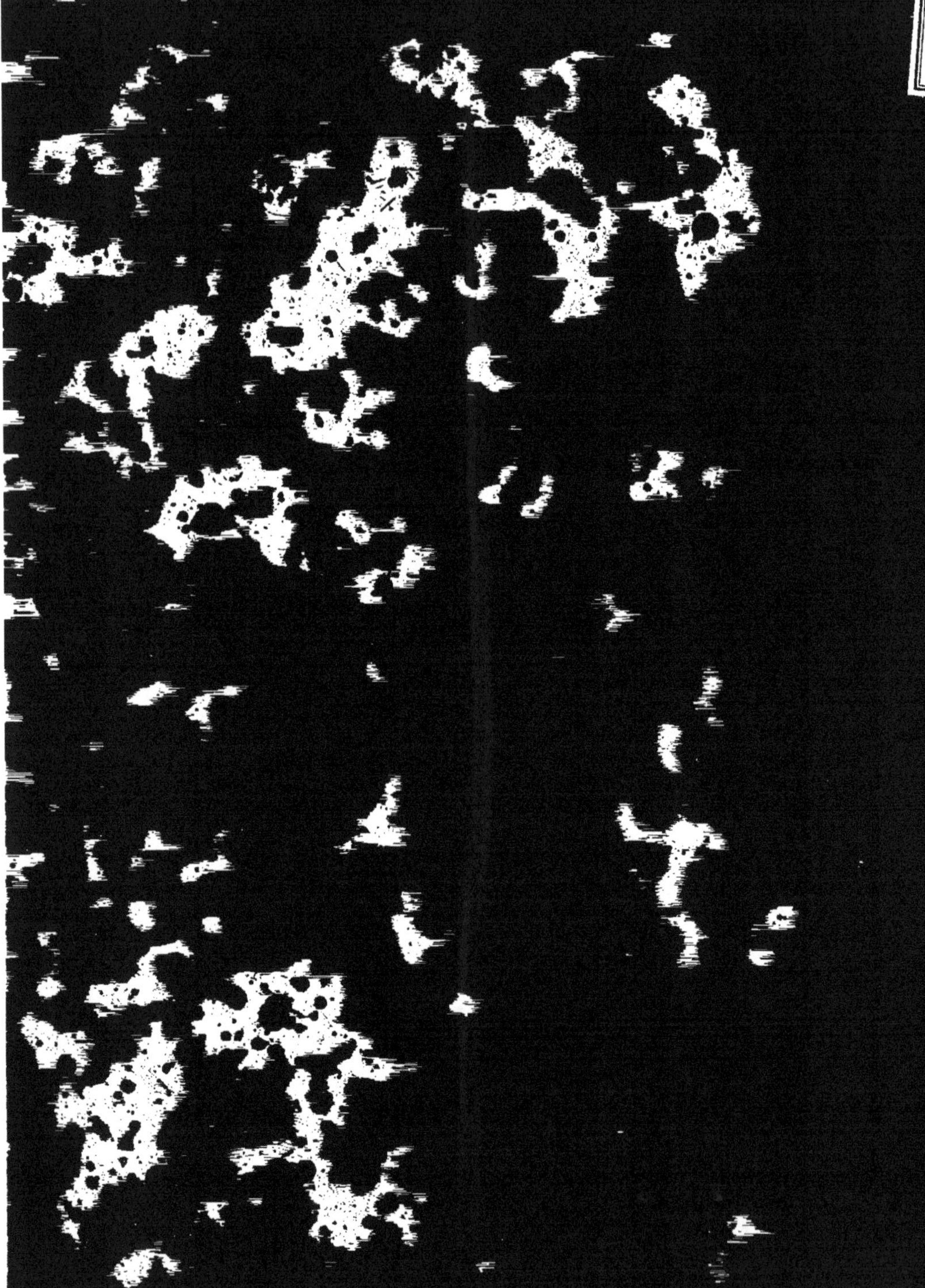

www.ingramcontent.com/pod-product-compliance
Ingram Content Group UK Ltd.
Pitfield, Milton Keynes, MK11 3LW, UK
UKHW012256240726
13966UKWH00004B/1437